Handbook of practical knowledge
on safety and health for traffic
industry practitioners

交通行业职工安全
与健康实用知识手册

王国清　齐树平　主　编
赵文忠　田建平　副主编

人民交通出版社股份有限公司
北 京

内 容 提 要

为增强广大职工安全意识，帮助职工养成健康的工作和生活方式，提高防灾减灾意识和能力，河北交通投资集团公司组织编写了《交通行业职工安全与健康实用知识手册》，分为作业安全篇、健康生活篇、应急避险篇，力求从交通实际需要出发，突出通俗易懂、简洁实用，以问答形式，普及交通职工工作岗位、职业生涯、生命旅程的安全与健康知识，以期成为广大交通职工安全工作、健康生活的好帮手。

图书在版编目（CIP）数据

交通行业职工安全与健康实用知识手册 / 王国清，齐树平主编 .—北京 : 人民交通出版社股份有限公司，2021.6
ISBN 978-7-114-17126-0

Ⅰ.①交… Ⅱ.①王… ②齐… Ⅲ.①交通运输安全—手册②交通运输业—劳动卫生—手册 Ⅳ.① X951-62 ②R13-62

中国版本图书馆 CIP 数据核字（2021）第 040340 号

书　　名 **交通行业职工安全与健康实用知识手册**
著 作 者 王国清　齐树平
责任编辑 陈　鹏
责任校对 孙国靖　宋佳时
责任印制 张　凯
出版发行 人民交通出版社股份有限公司
地　　址 (100011)北京市朝阳区安定门外外馆斜街 3 号
网　　址 http://www.ccpcl.com.cn
销售电话 (010)59757973
总 经 销 人民交通出版社股份有限公司发行部
经　　销 各地新华书店
印　　刷 中国电影出版社印刷厂
开　　本 787×1092　1/32
印　　张 8
字　　数 149 千
版　　次 2021 年 6 月　第 1 版
印　　次 2021 年 6 月　第 1 次印刷
书　　号 ISBN 978-7-114-17126-0
定　　价 60.00 元
（有印刷、装订质量问题的图书由本公司负责调换）

编　委　会

前　言
Preface

　　安全生产关乎社会大众权利福祉，关乎经济社会发展大局。安全是家庭的幸福，是企业的生命，是社会的和谐，更是一种对亲人、对企业、对社会负责和珍爱生命的人生态度。

　　安全生产，人是最关键的因素。从近年来安全生产重大事故来看，从业人员安全意识淡薄，安全知识、应急处置能力不足是主要原因。据统计，80%以上交通运输安全生产事故是由于从业人员安全意识、知识和技能不足导致。无知者无畏，不知道危险是最大的危险。防灾避险应急知识缺乏，违章操作、人为失误，是安全的大敌。同样，健康是一种生活习惯，很多疾病的形成都是不良生活习惯所致。专家认为，许多人并非死于疾病，而是死于无知。知晓健康常识，养成良好的生活习惯，是我们远离疾病的有效办法。

　　强烈的安全与健康意识、良好的安全与健康行为，在于教育、在于培养、在于习惯的养成。为增强广大职工安全意识，帮助职工养成健康的工作和生活方式，提高防灾减灾意识和能力，河北交通投资集团公司组织编写了《交通行业职工安全与健康实用知识手册》，分为作业安全篇、健康生活篇、应急避险篇，力求从交通实际需要出发，突出通俗易懂、简洁实用，以问答形式，普及交通职工工作岗位、职业生涯、生命旅程的安全与健康知识，以期成为广大交通职工安全工作、健康生活的好帮手。

守护安全与健康，需要认知，更需要行动的力量。让我们共同努力，从我做起，从现在做起，实现由"要我安全"向"我要安全、我能安全、我会安全"的转变，把安全生产理念向深处推、往实处落，让习惯符合标准，让标准成为习惯，人人成为安全健康的主人，为推进企业健康发展、为建设美好生活添砖加瓦。

本书编委会

2020 年 12 月

目　　录
Contents

━━━━━━ 作业安全篇 ━━━━━━

建设作业安全

1. 施工现场安全注意事项有哪些? ················ 1

2. 临建房屋内电器管理应注意哪些问题? ········ 2

3. 易燃易爆物品仓库管理需注意哪些问题? ······ 2

4. 项目部驻地安全管理要点有哪些? ··········· 3

5. 施工驻地如何防火? ·························· 4

6. 油库的安全注意事项有哪些? ················· 4

7. 施工驻地消防应符合哪些要求? ··············· 5

8. 水泥混凝土、沥青混凝土拌和站的安全防护措施

　有哪些? ·································· 5

9. 梁板预制场安全控制要点有哪些? ············ 5

10. 钢筋加工场的安全管理要点有哪些? ········· 6

11. 施工现场临时用电应注意什么? ············· 7

12. 便道、便桥、码头施工的安全管理要点有哪些? ······ 8

13. 焊接作业安全管理要点有哪些? ············· 9

14. 电气防火管理的要点有哪些? ··············· 10

15. 支架与脚手架操作安全注意事项有哪些? ······ 10

16. 模板安全控制要点有哪些? ················· 12

17. 水泥混凝土生产与构件运输时注意什么？ ………… 13

18. 施工测量时应注意哪些安全事项？ ………… 14

19. 建筑物拆除作业时注意什么？ ………… 15

20. 伐树作业安全注意事项有哪些？ ………… 15

21. 路基施工前的准备工作有哪些？ ………… 16

22. 路基清表的安全要点有哪些？ ………… 17

23. 基底处理要点有哪些？ ………… 17

24. 土方工程安全注意要点是什么？ ………… 17

25. 爆破工程应重点防范哪些隐患？ ………… 18

26. 路基填方安全要点有哪些？ ………… 19

27. 路基挖方施工安全要点有哪些？ ………… 19

28. 防护工程安全注意事项有哪些？ ………… 20

29. 危险地段施工防护要点有哪些？ ………… 21

30. 弃渣场的安全管理要点有哪些？ ………… 21

31. 沥青混合料拌和站安全控制要点有哪些？ ………… 22

32. 沥青混凝土路面施工现场安全控制要点有哪些？ … 23

33. 水泥混凝土路面施工现场安全控制要点有哪些？ … 24

34. 混凝土作业压实与碾压安全要点有哪些？ ………… 25

35. 桥梁工程施工过程的不安全行为有哪些？ ………… 25

36. 桥涵工程一般安全要求有哪些？ ………… 25

37. 桥涵基坑开挖安全控制要点有哪些？ ………… 26

38. 钻孔灌注桩安全注意事项有哪些？ ………… 27

39. 沉入桩基础安全注意事项有哪些？ ………… 27

40. 挖孔灌注桩安全注意事项有哪些？ ………… 28

41. 浇筑墩台、柱与盖梁要注意什么？ ………… 29

42. 砌筑墩台时注意什么？ ………… 29

43. 滑模施工应注意哪些问题？ …………………… 30

44. 浇筑上部结构应注意哪些安全事项？ ………… 30

45. 悬臂结构浇筑施工应注意什么？ ……………… 31

46. 悬臂结构拼装施工时应注意哪些问题？ ……… 31

47. 顶推及滑移模架施工注意什么？ ……………… 32

48. 转体法施工安全有哪些注意事项？ …………… 33

49. 起重吊装作业应注意什么？ …………………… 34

50. 预制构件安装时如何注意安全？ ……………… 35

51. 缆索吊装时安全注意事项有哪些？ …………… 35

52. 梁板架设施工时安全要点有哪些？ …………… 36

53. 高处作业安全有哪些注意事项？ ……………… 38

54. 隧道施工一般有哪几项准备？ ………………… 39

55. 隧道工程一般安全要求有哪些？ ……………… 39

56. 隧道开挖、钻孔与爆破时安全注意事项有哪些？ … 40

57. 隧道洞内运输应注意哪些安全事项？ ………… 41

58. 隧道支护作业应注意什么？ …………………… 42

59. 隧道衬砌施工时有哪些安全注意事项？ ……… 42

60. 隧道竖井与斜井上下应注意什么？ …………… 43

61. 隧道通风与防尘注意事项是什么？ …………… 43

62. 隧道照明、排水与防火注意什么？ …………… 44

63. 隧道掘进中通过煤层与瓦斯区时应注意哪些
安全事项？ ……………………………………… 45

64. 雨季施工应注意哪些安全事项？ ……………… 46

65. 冬季施工应注意哪些安全事项？ ……………… 47

66. 夜间施工时注意什么？ ………………………… 47

67. 进入施工现场"十不准"是什么？ …………… 48

68. 混凝土作业"十不准"是什么? ·············· 48

69. 高空作业的"十不准"是什么? ·············· 49

70. 起重作业"十不准"是什么? ·············· 49

71. 钢筋作业"十不准"是什么? ·············· 50

72. 电气作业"十不准"是什么? ·············· 50

73. 电(气)焊作业"十不准"是什么? ·············· 51

74. 电焊作业"十不焊"指哪些? ·············· 52

75. 消防安全"十不准"是什么? ·············· 52

76. 起重作业"十不吊"指哪些? ·············· 53

77. 脚手架作业"十不准"是什么? ·············· 54

78. 张拉作业"十不准"是什么? ·············· 54

79. 运输车辆司机"十不准"是什么? ·············· 55

80. 机械作业"十不准"是什么? ·············· 55

81. 什么是公路工程平安工地建设? ·············· 56

82. 什么是建设项目安全设施"三同时"? ·············· 57

83. 什么是安全生产管理中的"三违"? ·············· 57

84. 什么是本质安全? ·············· 58

85. 什么是风险? ·············· 58

86. 风险分级管控的原则是什么? ·············· 58

87. 建设工程消防管理要点有哪些? ·············· 59

88. 高墩大跨径桥梁施工安全要点有哪些? ·············· 60

89. 高填深挖路基作业安全要点有哪些? ·············· 62

90. 高陡边坡处施工安全要点有哪些? ·············· 64

91. 爆破施工安全要点有哪些? ·············· 66

养护作业安全

1. 高速公路建筑控制区范围及安全注意事项有哪些? ··· 68

2. 哪些涉路施工项目需要向公路管理机构提出申请？ … 69

3. 养护作业的种类有哪些？ ………………………… 69

4. 公路养护维修作业安全规定有哪些？ …………… 69

5. 如何布置公路养护作业控制区？ ………………… 70

6. 公路养护安全设施有哪些？ ……………………… 70

7. 公路养护临时标志包括哪些？应符合哪些规定？ … 70

8. 公路养护临时标线包括哪些？有哪些要求？ …… 71

9. 车道渠化设施包括哪些？应符合哪些规定？ …… 71

10. 照明设施和语音提示设施应符合哪些规定？ …… 72

11. 闪光设施包括哪些？应符合哪些规定？ ………… 72

12. 临时交通控制信号设施有哪些规定？ …………… 72

13. 移动式标志车有哪些要求？ ……………………… 72

14. 什么是长期养护作业？有哪些要求？ …………… 73

15. 什么是短期养护作业？有哪些要求？ …………… 73

16. 什么是临时及移动养护作业？有哪些要求？ …… 73

17. 养护作业中个人防护用品有哪些？ ……………… 73

18. 养护作业人员安全规定有哪些？ ………………… 74

19. 施工车辆安全管理有哪些要求？ ………………… 74

20. 施工机械安全管理有哪些要求？ ………………… 74

21. 材料安全管理有哪些规定？ ……………………… 75

22. 公路养护设施安全规定有哪些？ ………………… 75

23. 养护作业控制区两侧差异化布设安全设施应符合
什么规定？ ………………………………………… 76

24. 养护作业控制区安全规定有哪些？ ……………… 76

25. 路基作业安全控制重点有哪些？ ………………… 76

26. 路面作业安全控制重点有哪些？ ………………… 77

27. 桥涵作业安全控制重点有哪些? ·················· 78

28. 隧道养护作业控制区安全要点有哪些? ·········· 79

29. 在隧道内进行养护作业有哪些注意事项? ········ 79

30. 交通安全设施养护作业安全要点有哪些? ········ 80

31. 绿化养护作业应遵守哪些规定? ··················· 81

32. 机电工程作业安全有哪些要求? ··················· 81

33. 收费广场控制区养护安全作业有哪些要求? ······ 82

34. 特殊路段养护安全作业有哪些注意事项? ········ 83

35. 冬季冰雪天气安全作业有哪些规定? ·············· 84

36. 雨季养护安全作业应符合哪些规定? ·············· 84

37. 雾天及沙尘天气养护安全作业应符合哪些规定? ··· 85

38. 山区养护维修作业应遵守哪些安全要点? ·········· 85

39. 隧道安全管理包括哪些内容? ····················· 85

40. 公路水毁处治应采取哪些安全措施? ·············· 86

41. 桥梁水毁处治应采取哪些安全措施? ·············· 86

42. 破除旧路面应注意哪些安全要点? ················ 87

43. 沥青洒布车作业中的安全要点有哪些? ··········· 87

44. 碎石撒布机作业安全要点有哪些? ················ 88

45. 桥涵维修加固施工中安全注意要点有哪些? ······· 88

46. 桥梁支座更换需要注意什么? ····················· 89

服务区、收费站作业安全

1. 财务管理应注意哪些安全事项? ··················· 91

2. 餐厅经营应注意哪些安全事项? ··················· 91

3. 怎样保障餐厅食品安全? ·························· 92

4. 超市经营应注意哪些安全事项? ··················· 93

5. 客房应该怎样防止发生安全事故? ················ 94

6. 加油站应注意哪些安全事项? ⋯⋯⋯⋯ 96

7. 汽车维修站应注意哪些安全事项? ⋯⋯⋯ 97

8. 维修班应该怎样防止安全事故的发生? ⋯⋯ 98

9. 车道上的车辆失火怎么处理? ⋯⋯⋯⋯ 99

10. 收费亭失火怎么处理? ⋯⋯⋯⋯⋯⋯ 99

11. 收费站出现突发事件报告程序是什么? ⋯ 99

12. 收费员安全作业基本要求是什么? ⋯⋯ 100

13. 收费人员与司乘人员发生争执时应怎样处理? ⋯ 100

14. 收费人员是否能拦截车辆? ⋯⋯⋯⋯ 101

15. 收费亭电源设备出现故障时怎样处理? ⋯ 101

16. 恶劣天气收费员通过站区或安全岛时应注意什么? ⋯ 101

17. 外勤人员着装应注意什么? ⋯⋯⋯⋯ 101

18. 保洁人员在车道上打扫卫生时应注意什么? ⋯⋯⋯ 101

19. 如何避免升降杆自动下落砸伤他人? ⋯⋯ 102

20. 票证室需配备的"三铁一器"是什么?安装报警
    设备的作用是什么? ⋯⋯⋯⋯⋯⋯⋯ 102

21. 票证员遇抢匪闯入票证室应如何应对? ⋯ 102

22. 保险柜(夜间金库)放置应注意什么? ⋯⋯⋯ 102

23. 有价票据存放要求是什么? ⋯⋯⋯⋯ 103

24. 收费员中途与票证员兑换零钞注意事项有哪些? ⋯ 103

25. 对外来人员进入票证室的管控措施是什么? ⋯⋯ 103

26. 票证员日常检查报警设备及离开票证室时需注意
    哪些事项? ⋯⋯⋯⋯⋯⋯⋯⋯⋯⋯ 103

27. 收费员领用退回备用金手续是什么? ⋯⋯ 104

28. 票证员之间备用金交接及与银行兑换零钞时的
    注意事项是什么? ⋯⋯⋯⋯⋯⋯⋯ 104

29. 核验保安收款人员身份及交接流程有哪些？ ········ 104

30. 食堂发生疑似食物中毒事件怎样处理？ ············· 105

───────── **健康生活篇** ─────────

1. 什么是健康？ ······························ 106

2. 健康的十条标准是什么？ ················ 106

3. 什么叫亚健康及其危害？ ················ 107

4. 健康生活有哪些常见误区？ ············· 107

5. 每日十项健康行动是什么？ ············· 109

6. 应该摒弃的不良生活习惯有哪些？ ····· 110

疾病防治

1. 伏案综合征有哪些特点？ ················ 113

2. 腕管综合征有哪些特点？ ················ 114

3. 颈部疼痛怎么办？ ······················· 115

4. 肩周炎的防治方法有哪些？ ············· 118

5. 怎样预防腰背痛？ ······················· 120

6. 久坐危害怎样预防？ ····················· 122

7. 消除慢性疲劳综合征有哪些措施？ ····· 123

8. 失眠时怎样自我调养？ ·················· 123

9. 快速入睡的方法有哪些？ ················ 124

心理健康

1. 什么是心理保健？ ······················· 126

2. 怎样保持心理健康？ ····················· 126

3. 怎样保持心理平衡？ ····················· 128

4. 焦虑综合征有哪些特点？ ················ 129

5. 怎样克服焦虑？ ·············· 130

6. 抑郁症的发病原因及主要表现有哪些？ ·········· 131

7. 忧郁有哪些身体上的表现？ ·········· 132

8. 身体抑郁怎么办？ ·············· 133

9. 情绪不佳时怎样自我调节？ ·········· 134

运动健身

1. 蹲立运动的具体做法及保健效果有哪些？ ·········· 136

2. 日常生活中锻炼身体的"小动作"有哪些？ ········· 136

3. 怎样在桌边做保健操？ ·········· 137

4. 伏案办公有哪些健身建议？ ·········· 138

5. 简易的室内健身运动有哪些？ ·········· 139

6. 治疗疼痛有哪些妙招？ ·········· 141

疫情防控

1. 如何做好办公场所疫情防控？ ·········· 143

2. 服务区室外广场有哪些防控要求？ ·········· 144

3. 服务区综合楼有哪些防控要求？ ·········· 145

4. 收费站收费亭有哪些防控要求？ ·········· 146

5. 服务区、收费站的内部防控管理上应该注意
   哪些问题？ ·········· 147

6. 如何做好公路工程建设项目工地疫情防控？ ········· 148

7. 如何做好心理防控？ ·········· 148

应急避险篇

1. 地震遇险时如何紧急避震？ ·········· 150

2. 地震发生时在特殊场所怎么办？ ·········· 153

3. 地震发生时正在乘搭公交车怎么办? ·············· 153

4. 地震被困时怎么办? ············· 154

5. 地震时如何自救? ············· 155

6. 地震时如何互救? ············· 155

7. 地震被困受伤后应避免哪些错误? ·············· 156

8. 遇到泥石流或山体滑坡灾害如何脱险逃生? ·········· 158

9. 行车中遇到泥石流或者山体滑坡应如何应对? ······ 159

10. 山区遇见崩塌怎么办? ·············· 161

11. 火山爆发前的征兆有哪些? ············· 162

12. 当遭遇火山爆发时应如何自救? ············· 162

13. 洪水来袭前该做哪些准备? ············· 163

14. 洪水来临时可采取哪些应急措施? ············· 164

15. 洪水来袭时如何自救? ············· 166

16. 不慎掉落洪水中怎么办? ············· 167

17. 被洪水隔离困陷时怎么办? ············· 168

18. 驾车时遇到洪水怎么办? ············· 169

19. 洪水时被困车内怎么办? ············· 169

20. 洪水中如何救助他人? ············· 170

21. 雾霾天如何应对? ············· 170

22. 如何观察天气征兆躲避暴雨袭击? ············· 171

23. 遇到大雨或暴雨天气如何防御? ············· 171

24. 在家里遇上雷暴恶劣天气怎么办? ············· 172

25. 在室外遇上雷暴恶劣天气怎么办? ············· 173

26. 在公共场所遇上雷暴恶劣天气怎么办? ·············· 174

27. 遇到下冰雹怎么办? ············· 175

28. 遇到大雪怎么办? ············· 176

29. 山林中落入雪坑怎么办？ ································ 176

30. 野外遭遇风雪如何避寒？ ································ 176

31. 如何在野外搭建避寒场所？ ····························· 177

32. 野外遇到风雪如何求救与自救？ ······················ 177

33. 风雪中的冻伤应如何处理？ ····························· 178

34. 汽车行驶中遇到风雪怎么办？ ························· 178

35. 外出旅游遇到风雪如何应对？ ························· 179

36. 风雪中如何保暖？ ······································ 179

37. 风雪中如何防止脱水？ ································· 180

38. 风雪中如何避免雪盲？ ································· 180

39. 被雪掩埋时怎么办？ ···································· 181

40. 如何在冰雪地行走？ ···································· 181

41. 海上遇见风暴潮怎么办？ ······························ 181

42. 龙卷风的特点是什么？ ································· 182

43. 怎样减少龙卷风的侵害？ ······························ 182

44. 躲避龙卷风的最佳处所在哪里？ ······················ 183

45. 在公共场所如何躲避龙卷风的突袭？ ················· 183

46. 在家中如何躲避龙卷风？ ······························ 183

47. 在户外如何躲避龙卷风？ ······························ 184

48. 驾车时如何躲避龙卷风？ ······························ 184

49. 台风来临时应该怎么办？ ······························ 185

50. 台风期间的防范措施有哪些？ ························· 186

51. 台风中的自救互救要领有哪些？ ······················ 187

52. 风灾中身处拥挤混乱的人群中该如何逃生？ ········· 187

53. 大风时遇到船难如何逃生？ ····························· 187

54. 风暴潮来临怎么办？ ···································· 188

55. 风暴来临前应该如何加固门窗？ …………………… 188

56. 风暴中行车怎样保证安全？ ………………………… 189

57. 风暴中遭遇雷电怎么办？ …………………………… 189

58. 发现电力设备受损怎么办？ ………………………… 190

59. 在家中如何防止沙尘暴侵害？ ……………………… 190

60. 沙尘暴来临时外出应如何防护？ …………………… 191

61. 在野外如何躲避沙尘暴？ …………………………… 191

62. 沙尘天气驾车应采取哪些应急措施？ ……………… 192

63. 沙尘暴可能诱发哪些疾病？ ………………………… 192

64. 大风造成眼里异物如何处理？ ……………………… 193

65. 城市地形"狭管效应"有什么危害？ ………………… 193

66. 遭遇森林大火时如何自救？ ………………………… 194

67. 燃气起火后，先灭火还是先关阀门？ ……………… 195

68. 家居大楼发生火灾怎么逃生？ ……………………… 196

69. 高楼发生火灾怎么办？ ……………………………… 197

70. 家用电器发生短路失火时怎么办？ ………………… 199

71. 在人员密集场所发生火灾怎么办？ ………………… 200

72. 在地下建筑内发生火灾怎么办？ …………………… 201

73. 火灾中烟雾笼罩怎么办？ …………………………… 202

74. 乘坐地铁列车时发生火灾怎么办？ ………………… 202

75. 在公共汽车上发生火灾怎么办？ …………………… 203

76. 如何使用灭火器材？ ………………………………… 204

77. 如何保护家庭电路设施，消除火灾隐患？ ………… 206

78. 家庭预防电视机起火措施有哪些？ ………………… 207

79. 如何预防空调器失火？ ……………………………… 207

80. 电脑起火怎么办？ …………………………………… 208

81. 初期灭火的基本方法有哪些? ‥‥‥‥‥‥ 209

82. 发生火灾人员如何安全疏散? ‥‥‥‥‥‥ 210

83. 乘车时遭遇交通事故怎么办? ‥‥‥‥‥‥ 212

84. 驾车时遭遇交通事故怎么办? ‥‥‥‥‥‥ 213

85. 地铁列车停电怎么办? ‥‥‥‥‥‥‥‥‥ 214

86. 交通事故后如何抢救伤员? ‥‥‥‥‥‥‥ 215

87. 遭遇水上意外事故怎么办? ‥‥‥‥‥‥‥ 216

88. 遭遇航空事故怎么办? ‥‥‥‥‥‥‥‥‥ 218

89. 怎样预防烟花爆竹燃放事故? ‥‥‥‥‥‥ 219

90. 发生煤气泄漏怎么办? ‥‥‥‥‥‥‥‥‥ 219

91. 发生煤气中毒怎么办? ‥‥‥‥‥‥‥‥‥ 221

92. 发生触电事故怎么办? ‥‥‥‥‥‥‥‥‥ 223

93. 发现有人触电怎么办? ‥‥‥‥‥‥‥‥‥ 223

94. 遇到拥挤突发事件怎么办? ‥‥‥‥‥‥‥ 224

95. 怎样安全搭乘手扶电梯? ‥‥‥‥‥‥‥‥ 226

96. 乘电梯被困怎么办? ‥‥‥‥‥‥‥‥‥‥ 227

97. 在野外迷路怎么办? ‥‥‥‥‥‥‥‥‥‥ 229

98. 遇到马蜂窝时怎么办? ‥‥‥‥‥‥‥‥‥ 230

参考文献 ‥‥‥‥‥‥‥‥‥‥‥‥‥‥‥‥‥ 233

作业安全篇

建设作业安全

1.施工现场安全注意事项有哪些?

(1)施工现场项目部驻地和场站应选在地质良好的地段,避开易发生滑坡、塌方、泥石流、崩塌、落石、洪水、雪崩等危险区域。

(2)施工现场生产区、生活区、办公区应分开设置,距离集中爆破区应不小于500m。消防设施、工具、器材设置符合国家规定,消防通道畅通。

(3)施工现场易燃可燃材料、易燃易爆和化学物品的储存应单独设立仓库,且远离生产区、生活区、办公区(500m以外),设置围挡进行有效隔离,并设置必要的警示、警戒标志;危险品仓库须具有良好的通风、防爆、照明设备和防静电措施,符合防爆、防雷、防潮、防火、防鼠、防盗要求。

(4)施工现场临时用电(变电站建设、临时用电线路敷设等)应符合现行《施工现场临时用电安全技术规范》(JGJ 46—2005)的有关规定。电工应定期对线路进行巡视检查。

(5)施工现场设24h专人值守,发生火情,及时启动应急预案,立即组织人员进行灭火,并及时向上级主管部门报告。

(6)定期开展隐患排查。组织人员对生活区、拌和站、钢筋加工棚、临时居住房屋、预制梁板的保温棚、临时用电线路等进行仔细排查。

2.临建房屋内电器管理应注意哪些问题?

(1)电器不能超负荷使用。每个宿舍房间照明功率不大于100W,电视机不超过1台,夏季使用电风扇不得超过2台。每个房间总用电负荷不得大于2kW。

(2)宿舍内每人用电负荷不超过100W。加强对手机等电池充电的安全管理,严禁个人私自在宿舍内使用小电风扇、床头照明、热得快、电炉、电热毯等。

(3)宿舍区要根据作息时间限时供电。

3.易燃易爆物品仓库管理需注意哪些问题?

(1)易燃仓库堆料场与其他建筑物、铁路、道路、高压线的防火间距,应按《建筑设计防火规范》(GB 50016—2014)的有关规定执行。

(2)有明火的生产辅助区和生活用房与易燃堆垛之间,至少应保持30m的防火间距。

(3)固体易燃物品应与易燃易爆的液体分间存放,不得在同一仓库混合储存不同性质的物品。

(4)仓库或堆料场所应采用防爆防溅开关和灯具,储存大量易燃物品的仓库场地应设置独立的避雷装置。

（5）库区的每个库房外应单独安装开关箱，禁止使用不合格的电器保护装置。保管人员离库时，须拉闸断电。

（6）仓库保管员应当熟悉储存物品的分类、性质、保管业务知识和防火安全制度，掌握消防器材的操作使用和保养方法，做好本岗位的防火工作。

4.项目部驻地安全管理要点有哪些?

（1）应根据国家消防安全法规和技术标准，结合消防重点部位，在办公区域、试验室、宿舍、食堂等区域配备足够的消防器材。灭火器应设置在明显和便于取用的地点，不得设置在潮湿或者有腐蚀性的地点，且不得影响安全疏散。

（2）应建立消防责任制，明确责任人。各功能区应在适当位置设置消防沙池、消防桶、消防锹、消防斧等，建立消防管理台账。所有消防设施应在显著位置悬挂消防责任牌、指示牌等标识，定期组织检查。

（3）应设置必要的安全标志标牌。应在重点区域安装必要的视频监控系统、报警系统等。

（4）厨房、锅炉房、变电室、发电机房与生活区、办公区之间的距离不小于15m。普通灯具与易燃物距离不宜小于3m，聚光灯等高热灯具与易燃物距离不得小于5m，且不得直接照射易燃物。达不到规定安全距离时，应采取隔热措施。室外220V灯具距地面不得低于3m，室内220V灯具距地面不得低于2.5m。

(5)应安排专职电工,定期对驻地用电设施、配电线路进行检查,并做好维修保养记录。电工作业人员须持证上岗,严禁无证操作。电工作业人员须按规定使用劳动保护用品及绝缘工具。

(6)临时板房不得超过2层。

5.施工驻地如何防火?

(1)可燃材料堆放区距离施工区、生活区不得小于25m。

(2)施工现场应按规定设置消费器材,并设有明显标志,夜间设红色警示灯。

(3)在电气设备和线路周围,不能堆放易燃易爆物品和腐蚀介质。

(4)在高压线下禁止搭建暂时建筑和堆放易燃、可燃物品。

(5)严禁在电气设备周围使用火源。在变压器、发电机等场所严禁烟火。

6.油库的安全注意事项有哪些?

(1)应严格制定安全管理制度、用火管理制度、外来人员登记制度。

(2)油罐应按设计规定装油,不得混装。夏天露天装轻质油料的油罐应有降温措施,周围应采用围墙或通透式围栏进行隔离。

(3)应划分消防区域,制订消防预案,配置消防工具和器材,并定期检查维护。

(4)油罐区内禁止存放危品、爆炸品和其他易燃物。

7. 施工驻地消防应符合哪些要求?

(1)生活设施应尽可能搭建在距离修建的建筑物20m以外的地区,禁止搭设在高压架空电线的下面,距离高压架空线的水平距离不应小于6m。

(2)宿舍与厨房、锅炉房、配电房之间的防火距离应不小于15m。

(3)驻地与储存易燃物品、油料、炸药等的临时仓库的防火间距应满足有关规定。

8. 水泥混凝土、沥青混凝土拌和站的安全防护措施有哪些?

(1)立式水泥存储罐基座须牢固,采取必要的防倾覆措施,并安装避雷设施及粉尘回收装置。

(2)拌和站场地内的沉淀池、水池须设置防护栏、警示标识。

(3)传动系统裸露的部位应有防护装置和安全检修保护装置。

(4)拌和站出料斗处应设置明显的警告标志。

(5)沥青储料罐区域应采用隔离设施封闭,并设置明显的安全警示标志。隔离设施宜采用隔离栅。

9. 梁板预制场安全控制要点有哪些?

(1)存梁区应保证平整无积水。梁板存放要求:空心板不得多于3层;箱梁不得多于2层;T梁存放应设置专用的支撑设施,不得多层存放。人员上下须配备安全爬梯。

(2)T梁、箱梁施工时应配备上梁顶扶梯。张拉作业时,台座两端应设置防护挡板。张拉或退楔时,千斤顶后面不得站人。量伸长值或挤压夹片时,人员应站在千斤顶侧面。

(3)梁板存放应设置必要的临时防倾覆支护。存梁区地基要稳固,并设置枕梁。

(4)大风预警时,龙门吊应增设、加固缆风绳。

10. 钢筋加工场的安全管理要点有哪些?

(1)氧气瓶、乙炔瓶应分开单独存放,存放距离须符合规定。氧气瓶、乙炔瓶的安全附件须齐全、可靠,防震圈应均匀设置。发放时,不得随地滚动、撞击。严禁将不同的气瓶同车运输。使用时,严禁将气瓶卧倒使用。

(2)对电焊机做好绝缘工作。操作人员必须站在干燥的木板上进行操作,佩戴防烫伤的保护帽。钢筋焊接操作时,人员必须穿绝缘鞋、戴防护手套、穿工作服,钢筋加工机械须配备必要的防护网和防护罩。

(3)钢筋加工作业平台要牢固、稳定。起吊钢筋时,安全防护区内禁止站人,待钢筋降落到距地面1m以内方准靠近,就位支撑好后方可摘钩。

(4)钢筋场在动火区每$50m^2$设置灭火器3个,并配有必备的灭火沙等消防设备。

(5)各作业区应设置分区标识牌,焊接、切割场所应设置安全标志。机械设备应悬挂机械操作安全规程牌和设备标识牌。

(6)机械设备外漏传动部位应设置安全防护罩。

11.施工现场临时用电应注意什么?

(1)工程项目开始前必须编制施工临时用电方案。电气作业人员必须持证上岗。

(2)电气设备的维修,应停电作业,并悬挂"禁止合闸,有人工作"的停电标志牌。

(3)采用TN-S系统,符合三级配电二级保护,达到"一机一闸一漏一箱"要求。

(4)配电室高度不低于3m,配电柜上部距离棚顶不小于0.5m,室内应设置灭火器材。

(5)主输电线路采用"三相五线制"时,必须采用五芯电缆。电缆线路应采用埋地或架空敷设,严禁沿地面明设,并应避免机械损伤和介质腐蚀,埋地电缆路径应设方位标志。

(6)配电箱可以分若干分路,动力和照明必须分路配电。动力开关箱与照明开关箱必须分箱设置,严禁一箱多用。配电箱和开关箱的电源进线端,严禁采用插头和插座做活动连接。

(7)不得在外电架空线路正下方施工、搭设作业棚、建设生活设施或堆放构件、架具、材料及其他杂物。

①在带电设备附近搭、拆支架脚手架时,宜停电作业。在外电架空线路附近作业时,支架脚手架外侧边缘与外电架空线路的边线之间的最小安全操作距离应符合规定。

②施工现场道路与外电架空线路交叉时,架空线路的最低点与路面的最小垂直安全距离应符合规定。

③起重设备不得靠近架空输电线路作业。起重设备的任何

部位与架空输电导线的安全距离不得小于规定。

(8)接地与防雷。

①PE线必须连续设置。保护零线必须在配电室作重复接地，必须在配电系统中间和末端处作重复接地，每一处接地电阻位应小于10Ω。

②机械上的电器设备做防雷接地，所连接的PE线必须同时做重复接地，同一台机械电器设备的重复接地和机械的防雷接地可共用同一接地体，但接地电阻应符合重复接地电阻值的要求。

③动力与照明线路应分开。在特别潮湿的作业环境、导电良好的地面、锅炉或金属容器内工作的临时照明，电源电压应小于36V。

12. 便道、便桥、码头施工的安全管理要点有哪些？

(1)在施工便道的急弯、陡坡及高路堤等危险地段应设置防撞设施。在平交道口醒目位置设置安全警示标志、指示标识、凸视镜等设施，便道的岔路口及工点的支便道设置指向牌。

(2)便桥桥面应设置防滑设施，两侧设置不低于1.2m的防护栏杆，其底部设挡脚板。便桥两端应设置限载、限速等警示标识。

(3)应加强对临时便道、便桥、码头的日常检查与维护，必要时安排专人指挥。

(4)便道处于傍山时，要注意边缘的危石处理，防止滑坡、塌方。

(5)便桥应经常清理杂物，确保水流畅通。通过便桥的电线、电缆须绝缘良好，并固定在桥的一侧。

(6)码头的附属设备应牢固可靠。

(7)沿河便道、便桥、码头应严格按防汛要求,落实防护措施。

(8)便道与等级道路交叉时,应设置必要的警告、警示标志,并由专人负责指挥和看护。

13.焊接作业安全管理要点有哪些?

(1)电焊机应有良好的隔离防护装置,电焊机的绝缘电阻不得小于1MΩ。

(2)电焊机应放置在避雨干燥的地方,不准与易燃、易爆物品或容器放在一起。电焊导线中间不应有接头。施焊作业应远离易燃、易爆物10m以外。

(3)氧气瓶、乙炔瓶与明火或易燃易爆物品之间距离不小于10m,使用时乙炔瓶与氧气瓶的距离应不小于5m。乙炔瓶、氧气瓶要有防震圈,且乙炔瓶应安装回火防止器。气瓶严禁倒放,且不得置于高压线下面或在太阳下暴晒。

(4)施焊时,场地应通风良好。施焊完毕,作业人员应检查操作场地,确认无火灾隐患,方可离开。电焊机应设置单独的开关箱。电焊工作业时,操作人员应穿戴防护用品。施焊完毕,拉闸上锁。雨雪天应停止露天作业。

(5)在潮湿地点作业,电焊机应放在木板上,操作员应站在绝缘胶板上或木板上作业。不得用钢丝绳、各种管道、金属构件等作为接地线。

(6)严禁在带压力的容器和管道上施焊。焊接带电设备时,必须先切断电源。贮存过易燃、易爆、有毒物品的容器或管道,焊接前必须清洗干净,将所有孔口打开,保持空气流通。

(7)氧气瓶、乙炔瓶(发生器)受热不得超过35℃,之间距离5m以上,与明火之间距离不得小于10m,且应防止火花和锋利物件碰撞胶管。

(8)乙炔气管用后需清除管内积水。胶管回火的安全装置结冻时应用热水融化,不得用明火烧烤。乙炔瓶内气体严禁用尽,必须留有不低于规定的剩余压力。

(9)交流电焊机应安装二次空载降压保护器。

14.电气防火管理的要点有哪些?

(1)不得在电气设备周围使用火源,变压器、发电机等场所严禁烟火。

(2)建立电气防火责任制度,加强电气防火重点场所烟火管制,并设置禁止烟火标志。

(3)建立电气防火教育制度,定期进行电气防火知识宣传教育,提高各类人员电气防火意识和电气防火技能水平。

(4)建立电气防火检查制度和火警预报制度,及时消除隐患,做到防患于未然。

15.支架与脚手架操作安全注意事项有哪些?

(1)支架与脚手架必须严格按程序专项设计、安全验算、审批、实施,所用的钢管、扣件、脚手板等构配件规格必须符合国家标准和行业标准方可使用。

(2)支架与脚手架必须按批准的专项安全施工方案进行地基处理,地基承载力须经试验合格。

(3)作为承重工程的支架与脚手架须进行预压,符合要求方可投入使用。

(4)非预应力结构的承重支架,必须在混凝土达到规定的强度要求方可卸落;预应力结构的承重支架,须在张拉、压浆后压浆强度达到要求方可卸落。

(5)支架与脚手架周围必须设置防撞围挡;支架与道路交叉时,必须按规定净空设置车(人)行通道,并做好防撞墩,设置限高、发光和反光警示标志,交通量较大时安排专人进行道路交通管制。

(6)支架与脚手架的作业人员必须按规定佩戴安全帽和安全带。

(7)立杆的基础必须平整、密实,并符合架体承载力的要求。

(8)脚手架应做好稳定性检查。在雨雪等恶劣天气后和临近便道处的支架时,应加强其变形观测。

(9)支架与脚手架搭设高于在建结构物顶部时,里排立杆要低于沿口4~5cm,外排立杆高出沿口并不低于1.2m,搭设两道护身栏,并挂密目安全网。

(10)脚手架搭设高于在建结构物顶部时,敷设的安全设施应经常检查,确保操作人员、小型机具安全通行。

(11)支立排架时,不得与便桥或脚手架相连,防止排架失稳。

（12）拆除脚手架，应设置护栏或警戒标志，并应自上而下拆除，不得上下双层作业。严禁随意抛掷脚手杆与板。

16. 模板安全控制要点有哪些?

（1）模板堆放处场地应做好地基处理。模板码放高度不宜超过2m，圆弧形模板不宜多层堆放。

（2）模板作业场地应远离高压线。

（3）模板的安装应遵守下列规定：

①支模架所选用的钢管严禁使用变形、断裂、脱焊、螺栓松动或其他影响使用性能的材料。

②地面上的支模场地必须平整夯实，模板立柱支撑应加设垫板。

③模板工程作业高度在2m及以上时，必须设置安全防护设施。

④模板的立柱顶撑必须设牢固的拉杆，不得与不牢靠或临时物件相连。

⑤组装立柱模板时，四周必须设牢固支撑。立柱模板架设完成时应设缆风绳固定。支设独立梁模时，应搭设临时操作平台。

（4）模板拆除顺序与方法：

①应按照先支后拆、后支先拆的顺序，先拆非承重模板，后拆承重模板及支撑。

②拆模作业时，作业区周边必须设警戒区，并派专人值守，严禁人员进入。

③严禁用吊车直接吊除没有撬松动的模板。

④高处拆下的材料,严禁向下抛掷。拆除3m以上的模板时应用起吊设备缓慢送下。

⑤在基坑或围堰模板施工时,应先检查有无塌方现象,确认无误后,方可操作。

17. 水泥混凝土生产与构件运输时注意什么?

(1)搅拌站电气设备与线路应绝缘良好,拌和机等机械设备的转动部分必须设有防护装置。高大的搅拌站应设置避雷装置,多风地区应设置缆风绳。

(2)发电机组应设置于机房内,并设接地保护,接地电阻不得大于4Ω。施工用的发电机电源应与外电线路电源联锁,严禁并列运行。

(3)搅拌机料仓检修时,应停机检修。修理或进入料仓内清理叶片时,必须先切断电源,电源边设专人看护或开关箱上锁,并挂牌注明"仓内有人操作,切勿合闸"。

(4)有紧急停车装置的拌和设备,在设备和人员发生险情时,应立即启用紧急停车装置。

(5)混凝土泵送过程中要远离高压线路。任何人不得接近泵车布料杆下的危险区域。

(6)五级以上大风时,泵车不得使用布料杆作业。

(7)混凝土泵应设置在作业棚内,安装应稳定、牢固。拆卸管路接头前,应排除管内剩余压力,防止管内存有压力而引起事故。

(8)轨道平车运输。

①大型预制构件运输应设专人指挥。

②铺设钢轨时轨道曲线半径不得小于25m,纵坡不宜大于2%。

③构件运输时,下坡应以溜绳控制速度,止轮木块跟随前进。当纵坡坡度较大时,必须有相应的安全措施,方可运输。

(9)平板拖车运输。

①大型预制构件平板拖车运输,时速宜控制在5km/h以内。简支梁的运输,除在横向加斜撑预防倾覆外,平板车上的搁置点必须设有转盘。梁体重心与运输工具的中心应重合。

②运输超高、超宽与超长构件时,牵引车上应悬挂安全标志。超高的部分,应有专人照看。

③在雨、雪、雾天通过陡坡时,必须提前采取有效措施。

18.施工测量时应注意哪些安全事项?

(1)测量人员在高压线附近工作时,必须保持足够的安全距离。在陡坡及危险地段测量应系安全带,穿防滑鞋。水上测量人员应穿好救生衣。

(2)在桥墩上测量时,应有上下桥墩及防止人体坠落的安全措施。

(3)水上施工测量平台应稳固可靠,作业时应派交通船守护。

(4)使用磁力仪、浅层剖面仪、声呐等水下测量设备作业,应按规定在测量船的明显处设置号灯或号型。收放尾灯电缆时,应停车并关闭电源。

(5)在不中断交通的道路作业时,须摆放交通标志,穿反光服,专人指挥。

19.建筑物拆除作业时注意什么?

(1)建筑物拆除应采用自上而下、逐层分段,先拆非承重部分后拆承重部分,先水上后水下的拆除方法。

(2)建筑物拆除施工严禁采用上下立体交叉作业的施工方法。水平作业的各工位间距,必须保持足够的安全距离。

(3)拆除施工必须监测被拆除建筑物的位移变化,当发现有不稳定趋势时,必须停止拆除作业。

(4)水上建筑物拆除,应搭设水上工作平台或使用浮动设施进行作业。作业人员不得站在有危险的被拆除构件上进行作业。

(5)当遇到雾、雨、雪天或风力大于等于六级的天气,应停止露天拆除作业。

(6)爆破拆除前进行的预拆除施工,不得拆除影响结构稳定的构件。

(7)拆除工程应划定危险区域,在周围设置围栏,做好警戒和警示标志,并派专人监护。

20.伐树作业安全注意事项有哪些?

(1)在伐树范围周边应布置警戒,非工作人员不得在范围内逗留或接近警戒区。

(2)上树攀登剪树木时,不应攀抓脆弱和枯死的树枝;不应攀登已经锯过或砍过的未断树木;不应攀登较细且高的树木;潮湿天气注意防滑;使用梯子角度要合适,绑牢或有专人扶持。

(3)在电力线路带电的情况下,砍伐靠近线路的树木时,人员、树木、绳索应与带电导线保持足够的安全距离。

(4)树枝接触或接近高压带电导线时,应将高压线路停电或用绝缘工具使树枝远离带电导线至安全距离,严禁人体接触树木。

(5)大风天气,禁止砍伐高出或接近导线的树木。

(6)为防止树木倒落在导线上,应设法用绳索拉向与导线相反方向。绳索应有足够长度,以免拉绳人员被倒落的树木砸伤。

(7)大风、大雾和雨天不得进行伐树作业。

21.路基施工前的准备工作有哪些?

(1)路基施工前应掌握影响范围内地下埋设的各种管线状况,制订安全措施预案。

(2)在距离水塘、沟、坑边缘约1m的地方,应设安全护栏。安全护栏要足够稳定,高度不低于1.2m,并设警示标志。

(3)在需要隔离防护的油库区周边,应设置临时油库围栏。

(4)在炸药库周边必须设置全封闭的安全围栏,具体位置以能够确保安全为准,炸药库设置必须满足国家有关规定。

(5)土方工程中的挖方和填方均应严格按标准规范进行放坡,防止土方因边坡失稳而坍塌。

(6)做好现场临时排水设施。该设施应与永久性排水设施综合考虑,并与工程影响范围内的自然排水系统相协调,做到无自然水流到施工区四周。

22.路基清表的安全要点有哪些?

(1)严禁放火焚烧需要清除的草丛、树木等。

(2)砍伐树木必须遵守下列规定:伐树前,从保证安全出发,确定范围,并设置警戒线。非工作人员不得接近、逗留伐树范围。在陡坡悬崖处砍伐树木,应有预防树木被伐倒后顺坡溜滑和撞落石块伤人的安全措施;严禁在山坡的同一地段,上下同时进行砍伐作业;大风、大雾和雨天不得进行伐树作业。

(3)拆除建(构)筑物时,在作业前,应制订可靠、安全的拆除方案,并由有资质的施工单位进行拆除作业。

(4)清除淤泥时,应制订相应清淤废弃物和排污的方案。

(5)对于发现的坑洞、采砂坑道等,不得擅自处理。

23.基底处理要点有哪些?

(1)需要迁移的地下管线、电缆、光缆等,及时联系相关部门进行迁移;管线位置不明时,应挖十字沟进行探测,在显著位置标出管线位置,加以保护。

(2)软基路段基底处理施工时,必须设置安全防护隔离设施。并设立警示标志,标明非工作人员不得入内。强夯作业区由专人统一指挥。

24.土方工程安全注意要点是什么?

(1)开挖土方的操作人员,必须保持足够的安全距离;横向间距不小于2m,纵向间距不小于3m。

(2)取土坑四周应设围挡设施、警示标志,坑壁应放坡。

(3)基坑开挖应做好临边防护、放坡或支挡工作,土方开挖必须自上而下按顺序放坡,严禁采用挖空底脚的操作方法。

(4)在危险地段机械作业时,作业区周围必须设置醒目的警示标志,并由专人进行指挥。

(5)高陡边坡作业人员必须系安全带,必须挂牢。高边坡必须分级开挖,分级防护,设置警示标志,严禁多级坡同时立体交叉作业。配备专职人员对边坡进行监视,防止上部塌方和物体坠落。

(6)发现山体有滑动、崩塌迹象时,必须暂停施工,撤出人员和机具,并向上级报告。

(7)滑坡地段及其挡墙基槽开挖作业,应从滑坡体两侧向中部起自上而下进行,严禁全面拉槽开挖。

(8)沟槽(坑)回填时,必须在构筑物两侧对称、回填夯实。

(9)运输车辆应限速40km/h,由专人指挥卸土。

(10)生石灰消解池应设围挡,设立警示标志。

25.爆破工程应重点防范哪些隐患?

(1)爆破作业环境不符合安全规程要求。

(2)作业人员不符合上岗要求。

(3)爆破区域未设置警示标志和隔离设施。

(4)爆破操作未按照要求进行。

(5)爆破器材运输、管理不符合安全规程要求。

(6)在爆破区域内人员、设备不明情况下，实施爆破。

(7)爆破工程周边存在未发现隐患，或隐患尚未消除。

26.路基填方安全要点有哪些?

(1)填土前，应制订相应的安全技术措施。

(2)清除淤泥前应探明淤泥性质和深度，并采取相应的安全技术措施。

(3)施工中使用推土机、压路机、强夯机等施工机械时，应按照相关施工机械安全技术交底的要求进行操作。

(4)填土路段的架空线路净高应满足施工要求。

(5)自卸车斗未落平稳，不得驶出场外;自卸车斗不能就位时，人员不得在负载和无防四落措施的情况下在斗下维修。

(6)多台机械同时作业，各机械之间应保持安全距离，机械作业范围内不得同时安排人工作业。

27.路基挖方施工安全要点有哪些?

(1)挖方施工前，应按照施工组织设计的规定对建(构)筑物、现状管线、排水设施迁移或加固施工，并对加固部位经常检查、维护，保持设施的安全运行;在施工范围内可不迁移的地下线等设施，应坑探、标识，并采取保护措施。

(2)在靠近建筑物、设备基础、电杆及各种脚手架的周围挖土时，必须采取相应的安全防护措施和足够的安全距离。在地下管线附近施工,特别是靠近煤气管道、天然气管道时,应严格控制开挖标高,并采取相应的安全措施。

(3)高陡边坡处施工时,应注意对开挖过程中的孤散石块进行处理。开挖工作应与装运作业面相互错开,严禁掏底开挖,上下双重作业。

(4)当地质不良的地段设有支挡工程时,应及时分段修建支挡工程(如混凝土灌注桩、地下连续墙等支挡结构),待支挡结构的强度达到设计规定,方可开挖土方。

(5)施工中如发现山体有滑动、崩坍迹象,应立即暂停施工,撤出人员和机具,并及时上报监理工程师和建设单位,采取措施。

(6)不得违反施工规程开挖,严禁掏底开挖。在深挖路段,必须设置专职安全员,必要时进行动态监测。

(7)多台机械同时作业,各机械之间应保持安全距离,机械作业范围内不得同时安排人工作业。

28.防护工程安全注意事项有哪些?

(1)边坡防护作业应设置警戒区,并应设置明显的警示标志。作业人员应佩戴安全帽、防滑鞋等防护用品。

(2)边坡防护作业,当高度超过2m必须设置脚手架,注意脚手架必须落地,严禁采用支挑悬空脚手架。架上作业时,不准有人操作或停留,不得重叠作业。

(3)砌石作业必须自下而上进行,抹面、勾缝作业必须由上而下。挡墙砌筑时,墙下严禁站人。砌石工程不得在脚手架上进行石料改小。

(4)砂浆喷射作业应严格执行操作规程,边坡喷射砂浆应自下而上顺序施作。

29.危险地段施工防护要点有哪些?

(1)电杆土台安全护栏应设置于电杆土台外侧1～2m处。

(2)危险地段机械作业安全警示牌应设置于机械作业区外2m位置。

(3)路基边坡、边沟、基坑边缘地段上作业的机械应采取防止机械倾覆、基坑坍塌的安全措施,并经常性地检查。

30.弃渣场的安全管理要点有哪些?

(1)弃渣场弃渣前需清除原植被,对地面进行整平,坡面挖成1m宽台阶状。弃渣场临边应设置防护措施,并设置安全标志标识。有行人、行车道的弃渣场,须采取隔离或封闭措施。

(2)弃方不得影响排洪、通航,不得加剧河岸冲刷。水库、湖泊、岩溶漏斗及暗河口处不得弃方。桥墩台、涵洞口处不得弃方。

(3)在滚石路段应设置"防止落石"等警示标志。弃渣场车辆运输通道应设置安全警示标志牌。

(4)弃渣应按规定分层填筑和压实,弃渣场底部应填筑硬质岩渣。填筑过程中应做好临时排水措施,防止水土流失、泥石流、滑坡等危害。

(5)弃渣作业时,现场应有专人指挥。

31.沥青混合料拌和站安全控制要点有哪些?

(1)沥青混凝土拌和站宜设在人员较少、场地空旷的地段。拌和设备应增设防尘设施和有效的避雷装置。同时须设置灭火器材,铭牌必须朝外。灭火器材应放置于易于取放的避光处。

(2)所有用电设备要带漏电保护器,变压器围挡应设置用电安全警告。沥青混合料拌和站的各种机电设备在运转前均需由机工、电工、电脑操作人员进行仔细检查。在接通电源前,应先检查各开关的位置是否正确,并注意各部位接通电源的顺序。

(3)按设备的电路连锁关系,顺序启动各部位电机,启动时操作员要观察设备运转是否正常。如有异常,立即通知控制室,采取相应措施。

(4)使用液态沥青车,应认真检查其出口阀门的可靠性和密封性。使用时应遵守下列规定:

①用泵抽送热沥青进出油罐时,工作人员应避让。

②向储油罐注入沥青时,当浮标指标达到允许最大容量时,要及时停止注入。

③满载运行时,遇有弯道、下坡时要提前减速,避免紧急制动。油罐装载不满时,要始终保持中速行驶。

(5)导热油加热沥青时,加热锅炉使用前必须进行耐压试验,水压力应不低于额定工作压力的2倍,且应遵守下列规定:

①对加热炉及设备应做全面检查,各种仪表应齐全完好。泵、阀门、循环系统和安全附件应符合技术和安全要求,超压、超温

报警系统应灵敏可靠。

②必须经常检查循环系统有无渗漏、振动和异声,定期检查膨胀箱的液面是否超过规定,自控系统的灵敏性和可靠性是否符合要求,并定期清除炉管及除尘器内的积灰。

③导热油的管道应有防护设施。

(6)远红外加热沥青时,使用前应确保机电设备和短路过载保护装置良好;用柴油清洗沥青泵及管道前必须关闭有关阀门,严防柴油流入油锅。蒸汽加热沥青时,其蒸汽管道应连接牢固,严加保护;在人员容易触及的部位,必须用保温材料包扎。

(7)在生产稳定时,应对仪表显示的各种数据进行记录,如温度、气压、电流等。

(8)搅拌机运行中,不得使用工具伸入滚筒内掏挖或清理;需要清理时,必须停机。如需人员进入搅拌鼓内工作时,鼓外要有专人监护。运转中严禁非作业人员靠近各种运转机构。

(9)在设备全部停机后方可进行设备的清洁。料斗升起时,严禁有人在斗下工作或通过;检查料斗时,应将保险链挂好。

32.沥青混凝土路面施工现场安全控制要点有哪些?

(1)施工现场出入口、沿线各交叉口等处应设置明显的警示标志、警告标志,并应设专人指挥。施工现场应安排专人指挥交通秩序和摊铺作业。

(2)施工作业区两端,应设置明显路栏,夜间路栏上设置施工标志灯或反光标志。

(3)压实机械应安装倒车雷达设备。

(4)施工区域应实行交通管制,严禁非施工车辆及人员进入。

(5)半幅通车路段,车辆出入前方设置指示方向和减速慢行标志。半幅施工区与行车道之间设置红白相间的隔离栅。

(6)路面摊铺设备暂时停放,周围必须封闭,并设置警示标志(夜间须有发光或反光装置)和防护设施。

(7)沥青混凝土路面摊铺现场应配备急救箱,防治烫伤、中暑、中毒等。

33.水泥混凝土路面施工现场安全控制要点有哪些?

(1)施工现场必须做好交通安全工作,在不断交通施工的情况下,应在施工现场设立明显警示标志,有专人负责指挥和维持交通秩序,确保施工和交通安全。

(2)施工时对机电设备,应安排专人负责保管和修理。

(3)现场操作人员必须按规定佩戴防护用品。

(4)水泥混凝土轨道式摊铺机作业安全要点:

①布料机与振平机组间应保持5～8m的距离。

②不得将刮板置于运动方向垂直的位置,不得借助整机的惯性冲击料堆。

(5)水泥混凝土滑模式摊铺机作业安全要点:

①调整机器高度时,工作踏板、扶梯等处禁止站人。

②下坡时,禁止快速行驶和空挡滑行,牵引制动装置必须置于制动状态。

③禁止用摊铺机牵引其他机械。

④夜间施工,滑模摊铺机上应有足够照明和警示标志。

⑤滑模摊铺机停放在通车道路上时,周围应设置明显的安全标志,夜间应用红灯示警。

34. 混凝土作业压实与碾压安全要点有哪些?

(1)严禁在压路机没有熄火、下方没有支垫三角木的情况下,进行机下检修。

(2)压路机应停放在平坦、坚实并对交通及施工作业无妨碍的地方,停放在坡道上时,前后轮应支垫三角木。

35. 桥梁工程施工过程的不安全行为有哪些?

(1)人工挖孔前未对地质、水文条件进行分析,挖孔孔内空气指标不符合要求,在不具备挖孔地质段采用人工挖孔工艺。

(2)恶劣天气特别是大风天气进行露天高处作业。

(3)登高作业人员未经培训、身体不适或未佩戴安全护具。

(4)高墩施工未采取必要的安全措施。

(5)吊装机械未按安全规程操作,机械设备检修不及时或带病作业。

(6)防风、防倾覆设备缺失或不到位。

36. 桥涵工程一般安全要求有哪些?

(1)桥涵工程施工中,应避免双层或多层同时作业。当无法避免时,应设防护棚、防护网、防撞设施和醒目的警示标志等。

(2)跨既有道路施工,通行区应搭设安全通道,安全通道应满足通行要求,作业面底部应悬挂安全网。安全通道应设防撞设施及限高、限宽、减速标志和设施。

(3)遇有六级以上大风等恶劣天气时,不得进行高处露天作业、起重吊装作业。

(4)钻孔桩口、预留口、坑槽口、操作平台空口、泥浆池、沉淀池等处,均应设置安全防护设施。

(5)桥面施工时,要设置临边防护。

37.桥涵基坑开挖安全控制要点有哪些?

(1)深基坑四周应设临边防护栏杆(高度1.2m,刷红白或黄黑双色漆),挂密目式安全网,离基坑边不少于1m;靠近道路的设置夜间发光警示标志。人员上下应设置马道或扶梯。

(2)基坑顶面应设置截水沟。基坑四周边1.0m范围内不得堆土、堆料,不得停放机械。

(3)基坑、井坑开挖过程中,必须专人观察坑壁、边坡有无裂缝和坍塌现象(特别是雨后和解冻时期)。

(4)机械开挖基坑时,坑内不得有人作业,必须留人在坑内操作时,挖掘机应暂停作业。作业人员不得在坑壁下休息。

(5)基坑开挖中,遇有流沙、涌水、涌沙及基坑边坡不稳定等现象发生时,应立即撤出基坑。

(6)降水作业中,应随时观测对邻近建筑物的影响程度,当沉降或变形超出预警数据时,应停止作业,并采取相应措施。

38.钻孔灌注桩安全注意事项有哪些?

(1)钻机皮带传动部分不得外露,所使用的电气线路必须是橡胶防水电缆。

(2)采用冲击钻孔时,卷扬机钢丝绳断丝量超过5%时,必须立即更换。卷扬机在收放钢丝绳操作时,严禁作业人员在其上面跨越,卷扬机卷筒上的钢丝绳,不得全部放完,应最少保留3圈。严禁手拉钢丝绳卷绕。

(3)钻孔中,发生故障需排除时,严禁作业人员下孔内处理故障。

(4)对于已埋设护筒未开钻或已成桩护筒尚未拔除的,应加设护筒顶盖或铺设安全网遮罩。

(5)在泥浆池边应设有明显的警示标志和防护围栏。桩基施工完成后,应回填泥浆池。

(6)钻机塔顶和吊钢筋笼的吊机桅杆顶上方2m内不准有任何架空障碍物。

39.沉入桩基础安全注意事项有哪些?

(1)打桩机的移动轨道,铺设要平顺,轨距要准确,钢轨要钉牢,轨道端部应设止轮器。

(2)各种沉桩及桩架等拼装完成后,应对机具设备及安全防护设施(如作业平台、护栏、扶梯、跳板等)进行全面检查验收。

(3)吊桩时,应有统一的指挥信号。桩的下部应拴以溜绳,在指挥人员发出信号后,方可作业。

(4)打桩机移位或检查维修桩锤时,禁止将桩锤悬起。钻机应移到桩位上稳固后方准起锤,严禁随移随起锤。

(5)打桩机拆装时,桩架长度半径(并加一定安全系数)内不准拆装作业以外的人员进入。在起落机架时,要有专人指挥,并禁止任何人在机架底下穿行或停留。

(6)在高压线下两侧安装打桩机械,应根据电压,保证打桩机与高压线最近距离大于安全距离。打桩机顶部上方2m内不准有任何架空障碍物。

(7)在起吊沉桩或桩锤时,严禁作业人员直接在吊钩下或在桩架龙门口停留或作业。

(8)遇有大风及恶劣天气,应停止打桩作业。雷雨天时,作业人员不得在桩架附近停留。

40.挖孔灌注桩安全注意事项有哪些?

(1)孔口四周应设置安全防护栏和警示标志。孔内作业人员必须戴安全帽,穿绝缘鞋,戴绝缘手套。

(2)防止井上坠物。井口护壁高度至少比地面高出30cm,井口2m范围内不得堆放杂物和弃渣;出渣宜使用电动卷扬机,并要有断电防滑保护装置。

(3)作业人员上下井要系安全带,每个作业点配应急软梯,孔下作业人员连续作业不得超过2小时。

(4)做好井下通风。挖孔桩施工必须配备有害气体检测仪。每日下井前及爆破作业后必须进行机械通风,爆破作业过程中应做好爆破警示。

(5)人工挖孔深度超过10m时,应采用机械通风,应有良好的照明,人工挖孔深度不宜超过15m。

(6)成孔和停工的井口必须进行有效遮盖,并设警示标志。

41.浇筑墩台、柱与盖梁要注意什么?

(1)就地浇筑墩台混凝土,施工前必须搭设好脚手架和作业平台,墩身高度在2~10m时,平台外侧应设栏杆和上下扶梯;墩身高度在10m以上时,还应加设安全网。

(2)用吊斗浇筑混凝土,吊斗提降应有专人指挥。升降吊斗时,下部的作业人员必须躲开,上部人员不得身倚栏杆推动吊斗,严禁吊斗碰撞模板及脚手架。

(3)墩台钢筋骨架绑扎安装后,未浇筑混凝土部分超过8m,或立柱模板超过8m,浇筑完成之前必须设置缆风绳。

42.砌筑墩台时注意什么?

(1)砌筑墩台前,应搭设好脚手架、作业平台、护栏、扶梯等安全防护设施。

(2)脚手架应铺满,脚手架和作业平台上堆放的物品不得超过设计荷载。砌筑材料应随运随砌。砌筑作业时,脚手架下严禁站人。

43.滑模施工应注意哪些问题?

(1)要保证爬升架体系、操作平台、脚手架等具有足够的刚度和安全度。架体提升时,要另设保险装置。

(2)模板内设置升降设施及安全梯。

(3)操作平台上的施工荷载,应均匀对称,不得超负荷。平台周围应设置防护栏杆,并备有消防及通信设备。

(4)当塔墩等高层建筑采用爬模施工方法时,作业人员不得站在爬升的模板或爬架上。

(5)液压系统组装完毕后,必须进行全面检查。施工过程中,液压设备应由专人操作,并经常维护。

(6)用手动或电动千斤顶做提升工具,千斤顶丝扣的旋转方向应以左右方向对称安装,使其力矩相互抵消,防止平台被扭动而失稳。

(7)运送人员、材料的罐笼或外用电梯,应有安全卡、限位开关等安全装置。

(8)施工及拆除滑模设备时,应由专人指挥,并划定警戒区,警戒线到建筑物边缘的安全距离不得小于10m。

44.浇筑上部结构应注意哪些安全事项?

(1)支架做安全验算并预压,操作平台及上下通道设置临边防护,外侧挂防坠落网;各类操作规程牌及安全警示牌齐备,个人防护用品齐全、使用正确。

(2)水泥混凝土就地浇筑时,作业前应对机具设备及防护设施等进行检查。施工中应随时检查支架和模板,发现异常状况应及时采取措施。

45.悬臂结构浇筑施工应注意什么?

(1)挂篮组拼后,要进行全面检查,按1.2倍荷载做荷载试验。挂篮两侧前移要对称平衡进行,大风、雷雨天气不得移动挂篮。

(2)挂篮使用时,应经常有专人检查后锚固筋、千斤顶、手拉葫芦、张拉平台及保险绳等是否完好可靠。

(3)桁架挂篮在底模荡移前,必须详细检查挂篮位置、后端压重及后吊杆安装情况是否符合要求。应先将上横梁两个吊带与底模下横梁连接好,确认安全后,方可荡移。

(4)滑移斜拉式挂篮底模和侧模沿滑梁行走前,必须在倒链葫芦位置加保险绳。

(5)挂篮拼装机悬臂组装中,在危险性较大、高处及深水处作业时,应设置安全网,满铺脚手板,设置临边防护。

(6)进行零号块施工,并以斜托架施工平台时,平台边缘应设安全防护设施。墩身两侧托架平台之间搭设的人行道板必须连接牢固。施工作业平台、已浇筑混凝土的梁段边缘处及人员上下通道,应设临边防护,外侧挂防坠落安全网。设置安全警示标志。

(7)遇有五级以上大风及恶劣天气时,应停止作业。

46.悬臂结构拼装施工时应注意哪些问题?

(1)悬臂拼装施工前应按施工荷载对起吊设备进行强度、刚度和稳定性验算,其安全系数不得小于2。

(2)龙门架或起重吊机进行悬臂拼装时,应遵守下列安全规定:

①吊机的定位、锚固应按设计进行,并进行静载试验。龙门架起重吊机及轨道下面,必须具有坚实的基础,不得有下沉、偏斜。

②预制构件运至现场后,如需暂时存放,应放置在平整坚实的场地上,并按设计设置支点及支撑。

③构件起吊前,应对起吊机具设备及构件进行全面检查、验收,并进行起吊试验。

④运送构件的车辆(或船只),构件起升后应迅速撤出。

(3)遇有下列情况时,必须停止吊装作业:

①指挥信号系统失灵。

②天气突然变化,影响作业安全。

③卷扬机、电机过热、起重吊机或托梁部件变形或其他机械设备、构件等发现有异常情况。

47.顶推及滑移模架施工注意什么?

顶推施工中,应注意:

(1)应随时进行必要的监测,以控制施工安全。

(2)顶入工作坑的边坡,应根据土质情况进行放坡或者支护。靠铁路、公路一侧的边坡,其上端应与铁路和公路保持一定安全距离。

(3)上下桥墩和梁上作业时,应设置扶梯、围栏、悬挂安全网等安全防护设施。使用的工具、材料等,均应吊运传递,不得向下抛掷。

(4)落梁完毕,拆除千斤顶及其他设备时,应先用绳拴好,并用吊机吊出。

(5)施工前应采取必要的加固措施,以保证顶入作业中通车线路的安全。

用滑移模架法浇筑箱梁、混凝土时,应遵守下列规定:

(1)钢箱梁及桁架梁下弦底面装设不锈钢带,在滑橇上顶推滑行之前,应检查有无障碍物及不安全因素。所用机具设备及滑行板等,均须进行检查和试验。对重要部位,应设专人负责值班观察,并注意人员与设备的安全。在滑道上要及时刷油。上岗作业必须穿防滑鞋、戴安全帽。拆卸底模人员,必须系好安全带。

(2)牵引后横梁和装卸滑橇时,要有起重工协同配合作业。牵引时,应注意牵引力作用点,使后横梁在运行时,与桥轴线保持垂直。

48.转体法施工安全有哪些注意事项?

(1)桥梁上部为预制钢筋混凝土或预应力混凝土结构,采用转体架桥法或纵横向拖拉法施工时,搭设支架(或拱架)、支立模板、绑扎钢筋、焊接及浇筑混凝土等,均应遵守相应的安全规定。

(2)平衡重转体施工前,应先利用配重做试验,进行试转动,检查转体是否平衡稳定。无平衡重平转法施工的扣索张拉时,应检查支撑、锚梁、锚碇、拱体等,确认安全后方可施工。

(3)使用万能杆件或枕木垛作滑道支撑墩时,其基础必须稳固。枕木垛应垫密实,必要时应做压重试验。

(4)拖拉或横移施工中,应经常检查钢丝绳、滑车、卷扬机等机具设备是否完好,发现问题立即处理。

49.起重吊装作业应注意什么?

(1)起重吊装作业现场应悬挂操作规程牌、高处作业注意事项、"十不吊"等警示牌。作业前后要对各种制动装置、限位装置、限制器、焊接件、钢丝绳及各种吊件进行全面检查。

(2)吊装作业前,应指派专人统一指挥,信号统一,操作人员严格按照规程作业,持证上岗。

(3)遇六级以上大风,应禁止起重吊装作业。

(4)夜间起重吊装作业,必须设置足够的照明设备。

(5)钢丝绳应定期检验,吊装前应检查钢丝绳的断丝情况,严禁使用明显断丝的钢丝绳。

(6)地锚要牢固,缆风绳不得绑扎在电杆或其他不稳固的物件上。

(7)使用轮胎式起重机和履带式起重机作业应注意:

①起重机作业地面应坚实平整,支脚必须支垫;回转半径内不得有障碍物;两台或多台起重机吊运同一重物时,各台起重机不得超过各自额定80%的起重能力。

②严禁作业人员随构件一起升降;严禁起吊作业范围内有人员随意走动。

(8)在高处进行顶升作业的千斤顶,应有防止其坠落的措施。

(9)龙门吊机天车应设有轨道终端限位装置,天车的轨道终端也应设有终端止轮器。吊机电路铺设采用电缆滑索,滑索应平直,电缆与金属骨架接触处应采用护套包裹,防止振动产生的磨损导致漏电。吊机的机房内和操作室应设有紧急开关,以便在紧急情况出现时断电停车。吊机应设有可靠的避雷装置和接地保护。

50. 预制构件安装时如何注意安全?

(1)导梁组装时,各节点应联结牢固,在桥跨中推进时,悬臂部分不得越过已拼好导架全长的1/3。

(2)安装预制构件不宜在夜间施工,禁止作业人员疲劳上岗。简支梁安装起吊中,墩顶工作人员应暂时离开,禁止工作人员站在墩台帽顶指挥或平行作业。

(3)装配式构件吊装施工所需的脚手架、作业平台、防护栏杆、上下梯道、安全网必须齐备。深水施工,应配备救护用船。

(4)重大的吊装作业,应先进行试吊。遇有大风及雷雨等恶劣天气时,不得进行构件吊装作业。

51. 缆索吊装时安全注意事项有哪些?

(1)吊装时,应有统一的指挥信号。

(2)登高作业人员应携带工具袋;安全带不得挂在主索、扣索、缆风绳等上面。

（3）缆索吊装大型构件时，应事先检查塔架、地锚、扣架、滑车、钢丝绳等机具设备。正式吊装前必须进行吊载试运行。

（4）缆索跨越公路、铁路时，应搭设架空防护支架。在靠近街道和村镇的地方应设立警示标志。在通航航道上空吊装作业，吊装作业宜采取临时封航措施。

（5）暴雨、大雾、六级以上大风等恶劣天气和夜间不得进行缆索吊装作业。

52.梁板架设施工时安全要点有哪些?

（1）梁板架设施工，必须由项目总工组织，应对所有作业人员进行全面的安全技术交底。

（2）架梁施工所使用的起重机械设备，必须满足施工组织设计要求，并持有效的检验合格报告书和检测使用证;事先进行安全运行性能检查及试运行，未经验检合格的起重机械设备，禁止投入使用。

（3）采用两台起重机械进行抬吊架梁施工的，该两台起重机械的型号、综合特性、起吊速度必须一致，不得采用不同型号和不同特性的两台起重机械进行抬吊架梁。

（4）架梁施工的全过程，必须由持合格起重指挥证的指挥人员进行统一指挥，并采用标准的统一指挥信号，严禁多人指挥或无证指挥。

（5）人流量大的地区，在起重机械、运梁车等频繁进出场的时间内，必须设专人进行交通秩序维护，及时引导车辆就位;对起重机械作业范围必须占用交通要道的部分,应在征得交通部门同意的前提下临时占用,在该区域设置安全围栏,当天施工完毕,即清扫路面,恢复原交通,确保架梁期间交通安全。

(6)架梁施工前,必须在架梁起端的盖梁处,用脚手钢管搭设合格的上、下梯(按立柱支架搭设规范进行)。

(7)起重机械所处架梁作业区域的地基,必须整平压实,并铺上合格的路基箱板,路基箱板的铺设必须平整、下部垫实。

(8)采用双机抬吊进行架梁作业前,应首先对两起重机械驾驶员进行安全技术交底及配合要求的交底,使其心中有底,配合默契;第一根梁架设,必须先行试吊,确认无误后方可进行架梁施工。梁板吊装就位后,应及时进行临时支护。

(9)架梁施工所使用的起重索具、吊具,必须满足施工组织设计要求(吊、索具的材质,规格,长度),采用外加工的吊、索具,必须具备有效合格证。严禁未经任何检验且无合格证的起重索具投入使用;架梁过程中,起重吊、索具的安装,挂钩作业,应由持合格起重挂钩指挥证的人员担任,严禁无证人员操作。

(10)板梁、钢梁在运输过程中,应事先了解运输线路的路况,如路面、路宽、沿途各转弯点半径、桥梁限载、跨交通道电气线路高度等,从而选择最佳运输路线,并进行必要的试运输。超长构件运输,必须会同交通部门进行交通组织,采用引道车、局部封交等。

(11)箱形钢梁底部的作业通道、脚手架,属于悬吊式脚手架,固定点较少、自重较大,必须严格按施工组织设计结合钢管脚手架规范实施搭设;悬吊式脚手架跨越交通道的,须采用两层底笆进行隔离,并用密目网围挡。

(12)已架梁的桥面段,在防撞墙或正式栏杆未实施之前,须设有临边防护栏杆、临边防护设施上应设置挡脚板并用密目网全封闭,在交叉区域应设置防坠落设施。

(13)高空焊、割作业必须设置有效防止焊花、焊渣飞溅的措施(交通道),应设足够的灭火器材。

(14)若架设的梁距高压线路较近,应做好相应安全隔离和控制措施。

(15)每孔梁板安装结束后,及时将梁板联结,保证结构整体稳固,桥面边缘两侧应设置安全防护栏杆。

53.高处作业安全有哪些注意事项?

(1)高处作业必须设置人员上下专用通道。根据工程实际,5m以下高处作业,设置防护斜梯。5m以上高处作业,设置"之"字形人行爬梯。40m以上高处作业,宜安装附着式电梯。

(2)各种升降电梯、吊笼等升降设备,必须有可靠安全装置;严禁使用各种起重机械吊人。

(3)高处作业必须设置防护栏杆、密目式安全网及安全平网;夜间施工必须配备足够的照明设施、发光警示标志。

(4)作业高度超过20m时,必须设置避雷设施。

(5)高处作业应设置联系信号或通信装置,并由专人负责。

(6)六级及以上大风或雷电、大雨、大雾、大雪等恶劣天气条件下应停止施工。

(7)拆除作业严禁立体交叉作业,水平作业时作业人员间应有一定的安全距离。

54.隧道施工一般有哪几项准备?

(1)隧道施工时,所有进入隧道的人员均应穿反光背心,头戴反光安全帽;洞口设置智能门禁系统,设专人值守并登记人员、设备等进出洞情况。

(2)进行钻爆、喷混凝土作业人员应佩戴防尘口罩。

(3)隧道出入口及便道交叉口处应设置路标指示牌。

(4)隧道洞口及隧道办公区显著位置,应设置声光报警器,总开关应设在开挖台车立柱内侧(左右均设置)。

55.隧道工程一般安全要求有哪些?

(1)施工场地应作出详细的部署和安排,出渣、进料及材料堆放场地应妥善布置,弃渣场地应设置在不堵塞河流、不污染环境、不毁坏农田的地段。

(2)隧道内供风、供水、供气管线与供电应分别架设,供电线路架设应遵循“高压在上、低压在下,干线在上、支线在下,动力线在上、照明线在下”的原则分层架设。110V以下线路距地面不得小于2m,380V线路距地面不得小于2.5m,6~10kV线路距地面不得小于3.5m。

(3)进洞前应先做好洞口工程,稳定好洞口的边坡和仰坡,做好天沟、边沟等排水设施,确保地表水不危及隧道的施工安全。

(4)开挖人员不得上下重叠作业。

(5)边、仰坡以上的松动危石应在开工前清除干净。施工中应经常检查,特别是在雨雪之后,发现松动危石必须清除。

(6)洞口要配置门禁系统和值班室,进、出洞人员、材料、设备与爆破器材实行进出洞登记制度。

(7)进洞人员必须按规定佩戴安全防护用品。

(8)在洞身开挖过程中,为保证洞内人员施工安全,软弱围岩地段应配备可手动拆卸的逃生钢管,要求壁厚不宜小于10mm,管径不宜小于800mm,每节管长宜为5m。

(9)在隧道所有作业台架上安装防护彩灯或反光标志,确保车辆通行安全,在台架底部配置消防器材。

(10)隧道开挖应做好监控量测和超前地质预报工作。

(11)隧道内施工不得使用以汽油为动力的机械设备。洞内设备均应设反光标识,施工隧道内不得明火取暖。

(12)隧道内严禁存放汽油、柴油、煤油、变压器油、雷管、炸药等易燃易爆物品。

56.隧道开挖、钻孔与爆破时安全注意事项有哪些?

(1)人工开挖土质隧道时,作业人员保持必要的安全操作距离;机械凿岩时,宜采用湿式凿岩机或带有捕尘器的凿岩机。

(2)风钻钻眼时,气管接头应安装牢固且无漏风现象;湿式凿岩机供水应正常;干式凿岩机的捕尘设施良好。

(3)钻孔台车进洞时要有专人指挥,认真检查道路状况和安全界限,其行走速度不得超过25m/min。

(4)带支架的风钻钻眼时,必须将支架安置稳妥。风钻卡钻时应用扳钳松动拔出,不可敲打,未关风前不得拆除钻杆。

(5)严禁在残眼中继续钻眼。

(6)装药与钻孔不应平行作业。

(7)进行爆破时,所有人员撤离现场的安全距离为:独头巷道不少于200m;相邻的上下坑道内不少于100m;相邻的平行坑道,横通道及横洞间不少于50m;全断面开挖进行深孔爆破(孔深3~5m)时,不少于500m。

(8)爆破作业后必须经过15分钟通风排烟后,检查人员方可进入工作面,检查有无"盲炮"及可疑现象;有无残余炸药或雷管;顶板两旁有无松动石块;支护有无损坏与变形。

(9)两工作面接近贯通时,两端应加强联系并统一指挥。岩石隧道两工作面距离接近15m(软岩为20m),一端装药放炮时,另一端人员应撤离到安全地点。

57.隧道洞内运输应注意哪些安全事项?

(1)洞内运载车辆不准超载、超宽、超高运输,严禁人料混载。

(2)洞内机械作业必须有专人指挥。

(3)在任何情况下,雷管与炸药必须放置在带盖的容器内分别运送。

(4)严禁用翻斗、自卸汽车、拖车、拖车机、机动三轮车、人力三轮车、自行车、摩托车和皮带运输机等运送爆破器材。

（5）装运大体积或超长料具时，应有专人指挥，专车运输，并设置显示界限的红灯。

（6）洞内运输车速：机动车在施工作业地段单车不得超过10km/h，有牵引车及会车时不得超过5km/h。

58.隧道支护作业应注意什么？

（1）洞内支护，宜随挖随支护，支护至开挖面的距离应不超过4m；如遇石质破碎、风化严重和土质隧道时，应尽量缩短支护至工作面的距离。

（2）不得将支撑立柱置于废渣或不稳定的岩石上。

（3）喷射手应佩戴必要的防护用品，严禁注浆管喷嘴对人放置。

（4）脚手架及工作平台上的脚手板应满铺。

（5）安装、拆除模板、拱架时，工作地段应有专人监护。

（6）当发现量测数据有不正常变化或突变，洞内或地表位移值大于允许位移值，洞内或地面出现裂缝以及喷层出现异常裂缝时，均应视为危险信号，必须立即报告，并组织作业人员撤离现场，待处理后才能继续施工。

59.隧道衬砌施工时有哪些安全注意事项？

（1）衬砌台车安装应稳定，防护栏杆、工作平台铺板等安全防护措施应到位。台架通道上部应设满铺作业平台并设安全网兜底。

（2）台车下的净空应能保证运输车辆顺利通行。混凝土灌筑时,必须两侧对称进行。台车上不得堆放料具,工作台应满铺底板,并设安全护栏。

(3)拆除混凝土输送软管时,必须停止混凝土泵的运转。

(4)依据不同围岩类别,开挖面与衬砌的距离宜控制在70～200m,Ⅳ级围岩不得大于90m,Ⅴ级及以上围岩不得大于70m,且未衬砌段应做好喷锚和监控量测,当变形稳定后应立即衬砌。

(5)衬砌作业段两端各20m处,设置行车限速警示牌。

(6)衬砌模架、台车安装,拆除时现场应设置警戒隔离绳,移动时可采用工厂的定型产品警戒隔离栏。

(7)衬砌模架、台车安装,拆除时应设置警戒区,警戒区边缘设置警戒隔离绳和警示牌。

60.隧道竖井与斜井上下应注意什么?

(1)竖井井口平台应比地面至少高出0.5m,有严密的井盖。

(2)当工作面附近或井筒未衬砌部分发现有落石、支撑发响或大量涌水时,作业人员应立即从安全梯或使用提升设备撤出井外,并报告上级处理。

(3)吊桶升降机运送人员的速度不得超过5m/s,无稳绳段不得超过1m/s;运送石渣及其他的材料不得超过8m/s,无稳绳段不得超过2m/s;运送爆破器材时,不得超过1m/s。

61.隧道通风与防尘注意事项是什么?

(1)现场应配置气体检测仪,一般情况下每天检测应不少于

2次。

(2)粉尘允许浓度：每立方米空气中，含有10%以上游离二氧化硅的粉尘必须在2mg以下。

(3)隧道内的气温不宜超过28℃；氧气不得低于20%(按体积计)；有害气体含量应满足规范要求；隧道内的噪声不得超过90分贝。

(4)隧道施工独头掘进长度超过150m时应采用机械通风，必须安装送排风设备，确保隧道内作业环境和作业人员安全。

(5)施工时宜采用湿式凿岩机钻孔，用水炮泥进行水封爆破以及湿喷混凝土喷射等有利减少粉尘的施工工艺。

62.隧道照明、排水与防火注意什么？

(1)隧道内用电线路，均应使用防潮绝缘电缆，并按规定的高度用瓷瓶悬挂牢固。

(2)隧道内各部的照明电压应为：开挖、支撑及衬砌作业地段为12～36V；成洞地段为110～220V；手提作业灯为12～36V。

(3)隧道内的用电线路和照明设备必须设专人负责检修管理，检修电路与照明设备时应切断电源。

(4)在有地下水排出的隧道，必须挖凿排水沟，当下坡开挖时应根据涌水量的大小，设置大于20%涌水量的抽水机具予以排出。

(5)抽水设备宜采用电力机械，不得在隧道内使用内燃抽水机。

(6)隧道开挖中如预计要穿过涌水地层，宜采用超前钻孔探水,查清含水层厚度、岩性、水量、水压等,为防治涌水提供依据。

(7)如发现工作面有大量涌水时,应立即责令作业人员停止工作,撤至安全地点。

(8)各作业区等均应设置有效而数量足够的消防器材,并设明显的标志,定期检查、补充和更换,不得挪作他用。

(9)洞内及各硐室不得存放汽油、煤油、变压器油和其他易燃物品。清洗风动工具应在专用硐室内,并设置外开的防火门。

63.隧道掘进中通过煤层与瓦斯区时应注意哪些安全事项?

(1)施工通风系统应能每天24小时不停地连续运转,保证瓦斯在空气中含量不超标。瓦斯含量低于0.5%时,应每0.5～1h检测一次,瓦斯含量高于0.5%时,应随时检测。任何人员进入隧道必须接受检查,严禁将火柴、打火机及其他可自燃的物品带入洞内。

(2)电灯照明应注意电压不得超过110V,输电线路必须使用密闭电缆,灯头、开关、灯泡等照明器材必须采用防爆型,开关必须设置在送风道或洞口。

(3)掘进工作面风流中的瓦斯浓度达到1%时,必须停止电钻打眼;达到1.5%时,必须停止工作,撤出人员,切断电源,进行处理;放炮地点附近20m以内风流中瓦斯浓度达到1%时,严禁装药放炮;电动机附近20m以内风流中的瓦斯浓度达到1.5%时,必须切断电源,停止运行;掘进工作面的局部瓦斯积聚浓度达到2%

时,其附近20m内必须停止工作,切断电源。

(4)因超过瓦斯浓度规定而切断电源的电气设备,必须在瓦斯浓度降低到1%以下时方可开动;使用瓦斯自动检测报警断电装置的掘进工作面只准人工复电。

(5)瓦斯隧道中的机具必须采用防爆型,如电瓶车、通风机、电话机、放炮器等。

(6)有瓦斯的隧道,每个洞口必须设专职瓦斯检查员。一般情况下每小时检测一次,并将结果记入记录簿,检测瓦斯的检测器应每季度校对一次。

(7)通风必须采用吹入式,通风主机应有一台备用机,并应有两路电源供电。通风机停止时,洞内全体人员必须撤至洞外。

(8)隧道内严禁一切可以导致高温或发生火花的作业。

(9)隧道施工时必须配备必要的急救设备和抢救人员。作业人员必须具有防范瓦斯爆炸的安全知识。

64.雨季施工应注意哪些安全事项?

(1)雨后如果发现边坡有裂缝、疏松、支撑结构倾斜变形、移位等危险征兆,应立即采取措施。

(2)雨季施工中遇到气候突变、发生暴雨等紧急情况,应停止土石方机械作业。

(3)雷雨天气不得露天电力爆破土石方,如中途遇到雷电时,应迅速将雷管的脚线、电线主线两端连成短路。

(4)遇到大雨、大雾、高温、雷击和六级以上大风等恶劣天气,应停止脚手架的搭设和拆除作业及其他高空作业。

(5)外露电器应注意防雨防潮。电石、乙炔气瓶、氧气瓶等应在库内或棚内分区存放。

(6)雷雨天气时,作业人员应远离塔式起重机、拌和楼、物料提升机、外用电梯等高大机械设备。严禁人员在其附近避雨或停留。

65.冬季施工应注意哪些安全事项?

(1)各类机械作业应采取防护措施。

(2)脚手架、便道要有防滑措施,及时清理积雪,脚手架应经常检查加固。

(3)现场使用烧煤的锅炉、火坑时,应有通风条件,防止煤气中毒。

(4)大雪、轨道电缆结冰和六级以上大风等恶劣天气,应停止垂直运输作业。

(5)加强冬季施工防火。重点注意锅炉、露天易燃的材料堆场、料库等。

66.夜间施工时注意什么?

(1)施工驻地须设置路灯。

(2)大型桥梁攀登扶梯处应有照明灯。

(3)船只停靠的码头应有照明灯。

(4)施工中临时工程应有围栏,并悬挂红灯等警示标志。

67.进入施工现场"十不准"是什么?

(1)未戴安全帽不准进入施工现场。

(2)未穿救生衣不准进入水上施工现场。

(3)饮酒后不准进入施工现场。

(4)穿高跟鞋、拖鞋不准进入施工现场。

(5)赤脚赤膊不准进入施工现场。

(6)带小孩不准进入施工现场。

(7)闲杂人员不准进入施工现场。

(8)外界公务人员未经批准不准进入施工现场。

(9)社会车辆未经许可不准进入施工现场。

(10)非施工船舶未经许可不准进入施工水域。

68.混凝土作业"十不准"是什么?

(1)未经岗前培训不准作业。

(2)不按规定佩戴劳动保护用品不准作业。

(3)作业场所的环境和安全状况不符合规定不准作业。

(4)工具设备不合格不准作业。

(5)夜间照明不足和未使用安全电压工作灯不准作业。

(6)使用混凝土振捣等设备电源线有破皮漏电现象不准作业。

(7)人工推送混凝土未在坡道上设置防滑装置不准作业。

(8)混凝土吊斗未停稳不准下料。

(9)拌和机运转时不准将工具伸入筒内作业。

(10)其他安全措施不完备不准作业。

69. 高空作业的"十不准"是什么?

(1) 患有高血压、心脏病、贫血、癫痫、深度近视眼等疾病不准登高作业。

(2) 无人监护不准登高作业。

(3) 没有戴安全帽、系安全带、不扎紧裤管时不准登高作业。

(4) 作业现场有六级以上大风及暴雨、大雪、大雾不准登高作业。

(5) 脚手架、跳板不牢不准登高作业。

(6) 梯子无防滑措施、未穿防滑鞋不准登高作业。

(7) 不准攀爬井架、龙门架、脚手架,不能乘坐非载人的垂直运输设备登高作业。

(8) 携带笨重物件不准登高作业。

(9) 高压线旁无有效防护措施不准登高作业。

(10) 照明光线不足不准登高作业。

70. 起重作业"十不准"是什么?

(1) 未经监督检验、定期检验合格、超过定期检验周期,未经单位组织验收不准作业,吊具检查不合格不准作业。

(2) 操作人员未经培训、未持证不准作业。

(3) 起吊现场没有指挥人员不准作业。

(4) 无起重吊装方案、吊装方案未经审批不准作业。

(5) 起吊现场周边环境不清、防护不到位不准作业。

(6) 安全保护装置检查不合格不准作业。

(7)制动装置检查不合格不准作业。

(8)吊装区域防护、隔离措施不到位不准作业。

(9)起吊现场不平坦坚实,起重机支腿未全部伸出、未垫方木不准作业。

(10)六级及以上大风、大雨、大雪、大雾等恶劣天气不准作业。

71.钢筋作业"十不准"是什么?

(1)未经岗前培训不准作业。

(2)不按规定佩戴劳动保护用品不准作业。

(3)未进行安全技术交底或交底不清不准作业。

(4)工具和机械设备不合格不准作业。

(5)夜间照明不足不准作业。

(6)靠近架空线路未采取有效隔离措施不准作业。

(7)雷雨天气不准露天作业。

(8)操作平台不稳定不准作业。

(9)钢筋或钢筋骨架高空吊运未到位不准接近。

(10)其他安全措施不完备不准作业。

72.电气作业"十不准"是什么?

(1)非持证电工不准装接电气设备。

(2)任何人不准玩弄电气设备和开关。

(3)破损的电气设备应及时调换,不准使用绝缘损坏的电气设备。

(4)不准利用电热器和灯泡取暖。

(5)设备检修切断电源时,任何人不准启动挂有警告牌的电气设备,或合上拔去的熔断器。

(6)不准用水冲洗揩擦电气设备。

(7)熔断丝熔断时,不准调换容量不符的熔丝。

(8)未办手续,不准在埋有电缆的地方进行作业。

(9)发现有人触电,应立即切断电源进行抢救,未脱离电源前不准直接接触触电者。

(10)雷雨天气,不准接近避雷器和避雷针。

73.电(气)焊作业"十不准"是什么?

(1)焊工必须持证上岗,无特种作业安全操作证的人员,不准进行作业。

(2)凡属一、二、三级动火范围的焊、割作业,未办理动火审批手续,不准进行作业。

(3)焊工不了解焊、割现场周围情况,不准进行作业。

(4)焊工不了解焊件内部是否安全时,不准进行作业。

(5)各种装过可燃气体、易燃液体和有毒物质的容器,未经彻底清洗、排除危险性之前,不准进行作业。

(6)用可燃材料作保温层、冷却层、隔热设备的部位,或火星能飞溅到的地方,在未采取切实可靠的安全措施之前,不准进行作业。

(7)有压力或密闭的管道、容器,不准进行作业。

(8) 焊、割部位附近有易燃、易爆物品,在未做清理或未采取有效的安全措施之前,不准进行作业。

(9) 附近有与明火作业相抵触的工种在作业时,不准进行作业。

(10) 与外单位相连的部位,在没有弄清有无险情,或明知存在危险而未采取有效的措施之前,不准进行作业。

74. 电焊作业"十不焊"指哪些?

(1) 不是焊工不焊。

(2) 要害部件和重要场所未经批准不焊。

(3) 不了解焊接地点周围情况不焊。

(4) 用可燃材料作保温隔音的部位不焊。

(5) 装过易燃易爆物品的容器不焊。

(6) 不了解焊接物内部情况不焊。

(7) 密闭或有压力的容器不焊。

(8) 焊接部位有易燃易爆物品不焊。

(9) 附近有与明火作业相抵触的作业不焊。

(10) 禁火区内未办理动火审批手续不焊。

75. 消防安全"十不准"是什么?

(1) 不准在施工现场私自动用明火、焚烧垃圾。

(2) 未经许可不准动用、移动现场消防器材和设施。

(3) 不准占用、堵塞、埋压现场消防通道和设备。

(4) 不准在易燃易爆、化学品场地、库房、油库附近动用明火和吸烟。

(5)不准在施工现场、办公区、生活区私拉电源,不准躺在床上吸烟,不准使用电炉、热得快、电褥子、碘钨灯取暖,易燃易爆化学品不准随意乱放。

(6)现场电气焊作业未办理动火审批手续不准作业。

(7)高处焊割作业未采取接、遮、挡防护措施不准焊割。

(8)现场明火作业未清除周围10m范围内的易燃易爆物品、未配置灭火器材和无人看守不准作业。

(9)不准使用不合格的氧气瓶、乙炔瓶、锅炉和焊割设备等。

(10)不准购置和使用过期、伪劣、假冒的消防、电器设备和器材,五级以上大风天气不准在现场动用明火作业。

76.起重作业"十不吊"指哪些?

(1)无指挥人员与指挥信号不明或指挥错误不吊。

(2)吊物捆绑、吊挂不牢或吊索、吊具不安全不吊。

(3)吊装现场与电气线路小于安全距离又无可靠防护措施不吊。

(4)起重设备主要安全装置缺失或失灵、未采取安全措施不吊。

(5)视线不清不吊。

(6)吊索绑挂于棱角物件上、没有设置衬垫等安全防护措施不吊。

(7)斜拉吊物或超过起重设备允许负荷不吊。

(8)吊具、吊物安全保护区域有人或浮置物不吊。

(9)物体埋在地下或起重物重量不明的不吊。

(10)遇六级以上大风及大雨、大雪、大雾等恶劣天气不吊。

77.脚手架作业"十不准"是什么?

(1)未持特种操作证和未经岗前安全培训不准作业。

(2)不按规定佩戴劳动防护用品不准作业。

(3)未进行安全技术交底或交底不清不准作业。

(4)工具材料不准相互和上下抛掷。

(5)六级以上强风和恶劣天气不准作业。

(6)作业中不准跳跃架子。

(7)搭拆过程中不符合方案要求不准继续作业。

(8)与电力线路安全距离不够或未设防护设施不准作业。

(9)搭拆时地面未设置围栏或警戒标志不准作业。

(10)脚手架有异常情况未解除不准作业,其他安全措施不完备不准作业。

78.张拉作业"十不准"是什么?

(1)未经岗前培训不准作业。

(2)不按规定佩戴劳动防护用品不准作业。

(3)张拉千斤顶未校定或校定周期超限不准作业。

(4)未确定联络信号或信号不良不准作业。

(5)锚具使用前未检验或检验不合格不准作业。

(6)高压油管未经耐压试验合格不准作业。

(7)油泵、千斤顶、锚具发现异常情况现场不准作业。

(8)千斤顶支架未与构件对准和不稳固不准作业。

(9)张拉作业防护区未有效防护不准作业。

(10)其他安全措施不完备不准作业。

79.运输车辆司机"十不准"是什么?

(1)证照不全或证照与车辆不符不准开车。

(2)饮酒后和身体疲劳不准开车。

(3)车辆有故障不准开车。

(4)不准开超载、超员、超速车。

(5)客货混载不准开车。

(6)道路状况不明不准开车。

(7)货物装载不稳或绑扎不牢不准开车。

(8)自卸车未检视上方和周围环境不准卸车。

(9)机动翻斗车车斗未落到位不准开车,与槽坑安全距离不够时不准卸车。

(10)不准违反交通规则。

80.机械作业"十不准"是什么?

(1)未经检测、验收合格的机械不准使用。

(2)特种机械操作人员必须持证上岗、无证人员不准上机操作。

(3)各种机具安全防护、保护措施不到位不准使用。

(4)不准带电和机具运转时进行维护、保养、检修。

(5)不准戴手套、围巾操作旋转机械。

(6)不准违反机械操作规程和机械带故障作业。

(7)不准酒后驾驶和操作现场车辆及机械设备。

(8)不准攀爬、乘坐非乘人机械设备。

(9)机械运转中不准跨越和进入危险区域。

(10)维修机械时不准用手代替工具进行检查、注油、维修、保养。

81.什么是公路工程平安工地建设?

平安工地是指公路工程建设项目从事公路水运工程建设、施工、监理等工作的单位,以落实安全生产主体责任为核心,施工过程以风险防控无死角、事故隐患零容忍、安全防护全方位为目标,推进施工现场安全文明与施工作业规范有序的有机统一,是不断深化平安交通发展的重要载体。平安工地建设管理主要包括工程开工前的安全生产条件审核,施工过程中的平安工地建设、考核评价等。施工单位是平安工地建设的实施主体,应当确保项目安全生产条件满足《标准》要求,当项目安全生产条件发生变化时,应当及时向监理单位提出复核申请。建设单位是施工、监理合同段平安工地建设考核评价的主体,应当建立平安工地建设、考核、奖惩等制度,将平安工地建设情况纳入合同履约管理,加强过程督促检查,对项目平安工地建设负总责。施工过程中,监理单位应当按照《标准》要求,每季度对监理范围内的合同段平安工地建设管理情况进行监督检查,发现问题及时督促整改。建设单位应当按照《标准》要求,在项目开工前组织安全生产条件审核,每半年对项目所有施工、监理合同段组织一次平安工地建设考核评价,对自身安全管理行为进行自评,建立相应考核评价记录并及时存档;开工前安全生产条件审核结果以及施工过程中的平安工地建设考核评价结果,应当及时通过平安工地建设管理系统,向直接监管的交通运输主管部门报送。

82.什么是建设项目安全设施"三同时"?

生产经营单位新建、改建、扩建工程项目的安全设施,必须与主体工程同时设计、同时施工、同时投入生产和使用。

83.什么是安全生产管理中的"三违"?

安全生产管理中"三违"是指生产人员及生产管理人员在生产活动中,违章指挥、违章作业、违反劳动纪律。

违章指挥主要是指生产经营单位的生产经营管理人员违反安全生产方针、政策、法律、条例、规程、制度和有关规定指挥生产的行为。违章指挥具体包括:生产经营管理人员不遵守安全生产规程、制度和安全技术措施或擅自变更安全工艺和操作程序,指挥者使用未经安全培训的劳动者或无专门资质认证的人员;生产经营管理人员指挥工人在安全防护设施或设备有缺陷、隐患未解决的条件下冒险作业;生产经营管理人员发现违章不制止等。

违章作业主要是指工人违反劳动生产岗位的安全规章和制度(如安全生产责任制、安全操作规程、工作交接制度等)的作业行为。违章作业具体包括:不正确使用个人劳动保护用品、不遵守工作场所的安全操作规程和不执行安全生产指令。

违反劳动纪律主要是指工人违反生产经营单位的劳动纪律的行为。违反劳动纪律具体包括：不履行劳动合同及违约承担的责任，不遵守考勤与休假纪律、生产与工作纪律、奖惩制度及其他纪律等。

84.什么是本质安全?

在安全生产中，本质安全就是通过追求企业生产流程中人、物、系统、制度等诸要素的安全可靠和谐统一，使各种危害因素始终处于受控制状态，进而逐步趋近本质型、恒久型安全目标。

本质安全具有如下特征：一是人的安全可靠性。二是物的安全可靠性。三是系统的安全可靠性。四是管理规范和持续改进。

85.什么是风险?

风险是某一有害事故发生的可能性与事故后果的组合。依据交通运输部办公厅 2018 年印发的《公路水路行业安全生产风险辨识评估管控基本规范(试行)》，公路水路交通运输行业安全生产风险等级(D)大小由风险事件发生的可能性(L)、后果严重程度(C)两个指标决定，$D=L \times C$；由高到低统一划分为四级：重大、较大、一般、较小，分别对应红、橙、黄、蓝四种颜色。

86.风险分级管控的原则是什么?

风险分级管控的基本原则是：风险越大，管控级别越高；上级负责管控的风险，下级必须负责管控，并逐级落实具体措施。

87.建设工程消防管理要点有哪些?

(1)公路工程"两区三厂"(生活区、办公区、钢筋加工厂、拌和厂及预制厂)出入口的设置应满足消防车通行的要求,并宜布置在不同方向,其数量不宜少于2个。当确有困难只能设置1个出入口时,应设置满足消防车通行的环形道路。

(2)固定动火作业场所应布置在可燃材料堆场及其加工场、易燃易爆危险品库房等全年最小频率风向的上风侧,并宜布置在临时办公用房、宿舍、可燃材料库房、在建工程等全年最小频率风向的上风向。

(3)易燃易爆危险品库房应远离明火作业区、人员密集区和建筑物相对集中区。

(4)可燃材料堆场及其加工场、易燃、易爆危险品库房不应布置在架空电力线下。

(5)易燃易爆危险品库房与在建工程的防火间距不应小于15m,可燃材料堆场及其加工场、固定动火作业场与在建工程的防火间距不应小于10m,其他临时用房、临时设施与在建工程的防火间距不应小于6m。

(6)焊接、切割、烧烤或加热等动火作业前,应对作业现场的可燃物进行清理;作业现场及其附近无法移走的可燃物应采用不燃材料对其覆盖或隔离。

(7)储装气体的罐瓶及其附件应合格、完好和有效;严禁使用减压器及其附件缺损的氧气瓶,严禁使用乙炔专用减压器、回火防止器及其附件缺损的乙炔瓶。

（8）气瓶运输、存放、使用时应保持直立状态，并采取防倾倒措施，乙炔瓶严禁横躺卧放；气瓶应远离火源，与火源的距离不应小于10m，并采取避免高温和防止曝晒的措施。

（9）气瓶应分类储存，库房内应通风良好；空瓶与实瓶同库存放时，应分开放置，空瓶和实瓶的间距不应小于1.5m。

（10）氧气瓶与乙炔瓶工作间距不应小于5m，气瓶与明火作业点的距离不应小于10m。

（11）氧气瓶内剩余气体的压力不应小于0.1MPa。

88.高墩大跨径桥梁施工安全要点有哪些？

（1）高墩大跨径桥梁工程采用爬模和滑模施工方法时，模板结构必须进行特殊的设计，由工厂加工制造，并对模板的提升结构进行验算。

（2）高墩采用脚手架施工方法时，高墩施工前，应搭好脚手架及作业平台，墩身高度在2～10m时，平台外侧需设栏杆及上下扶梯；墩高在10m以上时，需加设安全网。墩台顶应搭设安全护栏，施工人员应系好安全带。脚手架高度在10～15m时，应设置一组（4～6根）缆风绳，每增高10～15m设一组，缆风绳与地面夹角为45°～60°，缆风绳的地锚应设围栏，防止碰撞破坏。操作平台上的施工荷载，应均匀对称，不得超负荷。平台周围应安设防护栏杆，并备有消防及通信设备，操作平台的水平度、倾斜度应经常检查，发现问题应及时采取措施。

（3）雷雨季节，墩台高度超过20m或者高度不足20m，但施工地点位于郊区或平原地带且附近无高大建筑物提供防雷保护时，必须设置防雷电设施。避雷系统未完善前，不得开工。

(4)在高、低压电力线路下方，均不得搭设脚手架。脚手架的外侧边缘与外电架空线路的边线之间必须保持安全距离。不得将模板支架、缆风绳、泵送混凝土和砂浆的输送管等固定在脚手架上，严禁在脚手架上悬挂起重设备。脚手架架体超过20m时，严禁使用排脚手架。脚手架应设置安全防护设施齐全的斜道，供施工人员上下，严禁施工作业人员攀爬脚手架上下。

(5)墩塔台钢筋骨架绑扎安装后，未浇筑混凝土部分超过8m的，在混凝土终凝前必须设置缆风绳。

(6)重大吊装作业应先进行试吊。按设计吊重分阶段进行观测，确定无误后方可进行正式吊装作业。施工时，工地主要领导及专职安全员应在现场亲自指挥和监督。根据吊装构件的大小、质量，选择适宜的吊装方法和机具，不准超负荷吊装。吊钩的中心线，必须通过吊体的重心，严禁倾斜吊卸构件。吊装偏心构件时，应使用可调整偏心的吊具进行吊装。安装的构件必须平起稳落，就位准确，与支座密贴。起吊大型及有突出边棱的构件时，应在钢丝绳与构件接触的拐角处设垫衬。起吊时，离开作业地面1m后，暂停起吊，经检查确认安全可靠后，方可继续起吊。

(7)龙门吊或起重机吊机进行悬臂拼装时，吊机的定位、锚固必须按设计进行，并在完成静载试验后进行试吊。重大吊装遇有指挥信号失灵、天气突然变化，影响作业安全、卷扬机过热、起重吊机或托梁部件发生变形以及其他机械设备构件等出现异常情况时,必须停止作业。

(8)悬臂法采用挂篮施工时,挂篮必须经专业厂家设计、加工制造,挂篮组拼浇筑混凝土前,必须对挂篮锚固、水平限位、吊带和限位装置等进行全面检查,并做静载试验。挂篮使用时,应经常检查后锚固筋、千斤顶、手拉葫芦、张拉平台及保险绳等是否完好。底模标高调整时,应设专人统一指挥,作业人员脚下应铺设稳固的脚手板,身系安全带。挂篮在安装、行走及使用过程中,应严格控制荷载,防止过大的冲击和震动。

89.高填深挖路基作业安全要点有哪些?

(1)在覆盖层施工前应按照设计要求清理完边坡的风化岩块、堆积物、残积物和滑坡体,并在适当位置修筑拦渣坎,保证下部施工安全。在覆盖层开挖前按设计要求完成截水、排水沟的施工,验证排水效果,防止地表水和地下水对施工的影响。覆盖层开挖应按设计边坡的坡比自上而下分层进行,坡面按设计要求做成一定的坡势,以利排水。

(2)坡面随开挖下降及时进行清坡,按设计要求或根据现场实际情况采取适当的措施加以支护,保证施工安全。支护主要采取锚固、护面和支挡几种形式。

(3)做好汛期防水、边坡保护措施,防止边坡坍塌造成事故。

(4)对于边坡易风化崩解的土层,若开挖面不能及时支护时,应预留保护层,在有条件支护时,再进行保护层开挖。

(5)需人工开挖的坡面覆盖层,应在开挖范围内,按照每人控制2.5m的水平距离,作业人员系安全带,从高处分条带向下逐层依次清理,相邻5人之间最大高差不得大于1.5m,所有人员之间最大高差不得大于3m,对于块体较大、人工无法撬动的孤石,宜爆破后清除。

(6)在覆盖层开挖过程中,如出现裂缝或滑移迹象,应立即暂停施工并将施工人员及设备撤至安全区域,在查清原因、采取可靠的安全措施后方可恢复施工。

(7)边坡石方开挖采取自上而下的开挖方式,同时应做好边坡开口线上下一定范围内的锁口和锚固工作。对于需要支护的边坡,采用边开挖边支护的方法,永久支护中的系统锚杆和喷混凝土与开挖工作面的高差不大于一个梯段高度,永久支护中的预应力锚索与开挖工作面的高差不大于两个梯段高度。

(8)边坡开挖时,均采用中小型爆破,爆破作业事先须进行地形地质和周边环境调查、确定爆破方案、确定阶梯高度、炮孔布置、药量计算、起爆网络设计及计算等。不得采用对坡面产生破坏的爆破方法,可在坡面3~5m以内预留保护层;也可先进行坡面预裂爆破再进行主体石方开挖爆破,一般采用梯段加预裂爆破一次开挖。严格控制一次最大单药量,质点振动速度必须满足设计要求。爆破施工阶段的流程:平整工作面、孔位放线、钻孔、孔位检查、装药、填塞、网络连接、安全警戒、发令起爆、爆破后检查、解除警戒。

(9)爆破断面施工应从上向下分台阶逐级施工,禁止掏眼法挖土或将坡面挖成反坡施工,产生滑坡,造成危害。每次爆破完毕,需对坡面松动的围岩进行人工清理。对于边坡易风化破碎或不稳定的岩体,应先做好施工安全防护,边开挖边支护。在有断层和裂隙发育等地质缺陷的部位,应在支护作业完成后才能进行下一层的开挖。

(10)在开挖面靠近马道或平台设计高程时,各级马道及平台预留1.5～2m的保护层,保护层开挖严格按照保护层开挖技术要求进行,并在马道或平台外侧,分别设置马道护栏及其他挡渣措施,以免石渣滑落。

(11)在靠近其他建筑物边沿或电杆、电缆、电线、风水管等附近开挖时,应由技术部门根据实际情况,制定出专门的安全防护措施。

(12)边坡开挖的分层厚度应根据地形地质条件、两马道间的高差、钻孔设备和装载机械的技术参数等因素确定。开挖前,须做好坡顶的截水沟,特别是雨季施工要保证截水沟的畅通,排、泄水不能对下方路基和开挖断面产生危害。

(13)边坡开挖中如遇地下涌水,应先排水,后开挖。开挖工作应与装运作业面相互错开,严禁上、下双重作业。

(14)弃土下方和滚石会危及的区域,应设警告标志,下方有道路时,作业时严禁通行。

90.高陡边坡处施工安全要点有哪些?

(1)坡上作业人员必须戴安全帽、安全带(绳);坡边开挖中如遇地下涌水,应先排水,后开挖;开挖工作应与装运作业面相互错开,严禁上、下双重交叉作业。

(2)弃土下方和有滚石危及范围内的道路,应设警告标志,作业时坡下严禁通行。

(3)坡面上操作人员对松动的土、石块必须及时清除,严禁在危石下方作业、休息和存放机具;施工中如有发现山体有滑动、崩塌迹象危及施工安全时,应暂停施工,辙出人员和机具,并报上级处理。

(4)在落石和岩堆地段施工,应清理危石和设置拦截设施后再行开挖。其开挖面坡度应按设计进行,坡面上松动石块应边挖边清除。

(5)施工中遇有土体不稳、发生坍塌、水位暴涨、山洪暴发或在爆破警戒区内听到爆破信号时,应立即停工,人和机械撤至安全地点。当工作场地发生交通堵塞,地面出现陷车,机械运行道发生打滑,防护设施毁坏失效,或工作面不足以保证安全作业时,亦应暂停施工,待恢复正常后方可开工。

(6)边坡防护作业,必须搭设牢固的脚手架,对地基和脚手架所用材料,扣件或连接件,要认真检查,合格后方可使用。

(7)边坡坡面防护施工应自下而上进行,抬运跳板应坚固,并设防滑条。人工抬运石块和搬运砂浆、混凝土等材料所用工具必须牢固可靠,如绳、筐、桶等。严禁在施工完毕的坡面、墙顶上行走,上、下边坡时应设置爬梯。

(8)施工应采取必要的安全防护措施,如挂设安全防护拦截网,施工时禁止上、下层交叉作业。

91.爆破施工安全要点有哪些?

(1)钻机司机应经过专业技术培训,经考核合格,持证后方可单独操作。钻机的工作地面应平整,在倾斜地面作业时,履带板下方应用楔形木块塞紧。不得在斜坡上横向钻孔作业。

(2)应采用湿式凿岩,或装有能够达到国家工业卫生标准的干式捕尘装置。作业人员宜佩戴口罩、面罩、耳塞等劳动防护用品。

(3)开钻前,应检查工作面附近岩石是否稳定;有无盲炮,发现问题应立即处理,否则不得作业。在任何情况下不得在残空中钻孔。

(4)夜间作业时应有充足的照明。

(5)爆破作业人员必须经过专业培训,掌握操作技能,并经公安部门考核合格,取得相应类别、级别的资格证后,方可从事爆破作业。

(6)爆破方案必须经有关部门审批,按审批后的爆破方案作业。

(7)应提前进行爆破试验,选定合理的爆破参数,施工中不断优化爆破设计方案,防止爆破对边坡岩体和周边建筑物的破坏。当有杂散电流存在,不得使用电爆网络起爆。

(8)爆破器材的管理、运输、使用应符合《爆破安全技术规程》(GB 6722)的规定。

(9)装药前应对作业场地、爆破器材堆放场地进行清理,装药作业人员对准备装药的全部炮孔进行检查,对不合格的孔应采取补孔、补钻、清孔等处理措施。

(10)应从炸药运入施工现场开始,划定装药警戒区,警戒区内严禁烟火,搬运爆破器材应轻拿轻放。

(11)夜间装药现场应有足够的照明,不得用明火照明。装药用电灯照明时,在距爆破器材20m外可用220V电压照明灯,在作业现场使用电压不高于36V的照明灯。

(12)从带有电雷管的起爆体进入装药警戒区开始,装药警戒区内应停电,可采用安全蓄电池灯、安全灯或绝缘手电筒照明。

(13)装药应使用木质或竹制炮棍。不应投掷起爆药包和敏感度高的炸药。

(14)装药发生卡塞时,若在雷管和起爆药包放入之前,可用非金属长杆处理。装入起爆药包后,不得用任何工具冲击、挤压。

(15)在装药过程中,不得拔出或硬拉起爆药包中的导爆管、导爆索和电雷管脚线。

(16)浅孔爆破,爆后应超过5min,方准许检查人员进入爆破作业区;如不能确认有无盲炮,应经15min后才能进入爆区检查。

(17)深孔爆破,爆后应超过15min,方准检查人员进入爆区。

(18)经检查确认无盲炮、爆堆稳定、无危坡、危石,爆破区安全后,经当班爆破负责人同意,方准许作业人员进入爆区。

养护作业安全

1. 高速公路建筑控制区范围及安全注意事项有哪些?

高速公路建筑控制区的范围为公路用地外缘起向外的距离标准不少于30m。

(1)禁止在公路、公路用地范围内堆放物品、倾倒垃圾、设置障碍、挖沟引水、种植作物、放养牲畜、采石、取土、采空作业、焚烧物品、利用公路边沟排放污物或者进行其他损坏、污染公路和影响公路畅通的行为。

(2)禁止在公路用地外缘起向外100m、中型以上公路桥梁周围200m、公路隧道上方和洞口外100m从事采矿、采石、取土、爆破作业等危及公路、公路桥梁、公路隧道、公路渡口安全的活动。

(3)禁止擅自在中型以上公路桥梁跨越的河道上下游各1000m范围内抽取地下水、架设浮桥以及修建其他危及公路桥梁安全的设施。

(4)禁止在特大型公路桥梁跨越的河道上游500m、下游3000m,大型公路桥梁跨越的河道上游500m、下游2000m,中小型公路桥梁跨越的河道上游500m、下游1000m范围内采砂。

2.哪些涉路施工项目需要向公路管理机构提出申请?

(1)在公路建筑控制区内埋设管道、电缆等设施。

(2)利用跨越公路的设施悬挂非公路标志。

(3)利用公路桥梁、公路隧道、涵洞铺设电缆等设施。

(4)在公路用地范围内架设、埋设管道、电缆等设施。

(5)跨越、穿越公路修建桥梁、渡槽或者架设、埋设管道、电缆等设施。

(6)因修建铁路、机场、供电、水利、通信等建设工程需要占用、挖掘公路、公路用地,或者使公路改线。

3.养护作业的种类有哪些?

(1)根据养护作业时间的长短,可分为长期养护作业、短期养护作业、临时养护作业和移动养护作业。

(2)根据养护作业的内容,可分为路基养护、路面养护、桥涵养护、隧道养护、交通安全养护、绿化养护、机电养护和特殊路段、特殊气象条件下养护等。

4.公路养护维修作业安全规定有哪些?

(1)公路养护维修作业必须保障养护维修作业人员和设备的安全,以及车辆的安全运行。在进行养护维修作业前,应制定安全保障方案。

(2)公路养护维修作业单位应建立安全管理制度,实施对养护维修作业人员的安全培训和教育。养护维修作业人员必须接受安全技术教育,遵守各项安全技术操作规程。

(3)公路养护维修作业单位或经营单位应加强养护维修作业安全的管理。各级公路管理机构应加强对养护维修作业安全的监督和检查。

(4)养护维修作业的安全设施在未完成养护维修作业之前应保持完好,任何人不得随意撤除或改变安全设施的位置,扩大或缩小控制区范围,以保证养护维修作业控制区的安全。

5.如何布置公路养护作业控制区?

应按警告区、上游过渡区、纵向缓冲区、工作区、下游过渡区和终止区依次布置。

6.公路养护安全设施有哪些?

包括:临时标志、临时标线和其他安全设施。其他安全设施包括车道渠化设施、夜间照明设施、语音提示设施、闪光设施、临时交通控制信号设施、移动式标志车、移动式护栏和车载式防撞垫等。

7.公路养护临时标志包括哪些? 应符合哪些规定?

包括施工标志、限速标志等。

(1)施工标志宜布设在警告区起点。

(2)限速标志宜布设在警告区的不同断面处。

(3)解除限速标志宜布设在终止区末端。

(4)"重车靠右停靠区"标志应用于控制大型载重汽车在特

大、大桥和特殊结构桥上的通行。

8.公路养护临时标线包括哪些？有哪些要求？

包括渠化交通标线和导向交通标线。

渠化交通标线应为橙色虚、实线；导向交通标线应为醒目的橙色实线。

9.车道渠化设施包括哪些？应符合哪些规定？

包括交通锥、防撞桶、水马、防撞墙、附设警示灯的路栏、移动标志车、车载式防撞垫和交通安全指挥假人模型等。

(1)交通锥布设在上游过渡区、缓冲区、工作区和下游过渡区。布设间距不宜大于10m，其中上游过渡区和工作区布设间距不宜大于4m。

(2)防撞桶颜色应为黄、黑相间，顶部附设警示灯，宜布设在工作区或上游过渡区与缓冲区之间。使用前应灌水，灌水量不宜小于其内部容积的90%。在冰冻季节，可采用灌砂的方法，灌砂量不宜小于其内部容积的90%。

(3)水马颜色应为橙色或红色，高度不得小于40cm。宜布设在工作区或上游过渡区与缓冲区之间。

(4)防撞墙、施工隔离墩、附设警示灯的路栏颜色应为黄、黑相间，宜布设在工作区或上游过渡区与缓冲区之间。

(5)移动标志车身颜色为黄色，顶部应安装黄色警示灯，后部安装标志灯牌，可用于临时养护作业或移动养护作业。

（6）车载式防撞垫颜色应黄黑相间，可安装在养护作业车辆或移动式标志车的尾部。

（7）假人模型应穿反光服、戴安全帽，模型手臂上下摆动；配有警示灯，利用夜间施工警示；宜采用太阳能充电板进行节能环保充电。

10.照明设施和语音提示设施应符合哪些规定？

照明设施应布设在工作区侧面，照明方向应背对非封闭车道。语音提示设施应根据需要布设在远离居民生活区的养护作业控制区。

11.闪光设施包括哪些？应符合哪些规定？

包括闪光箭头、警示频闪灯和车辆闪光灯。

闪光箭头应布设在上游过渡区。警示频闪灯应布设在需加强警示的区域，应为黄蓝相间的警示频闪灯。车辆闪光灯应为360°旋转黄闪灯，可用于养护作业车辆或移动式标志车。

12.临时交通控制信号设施有哪些规定？

信号设施灯光颜色应为红、绿两种，可用于双向交替通行的养护作业，应布设在上游过渡区和下游过渡区。

13.移动式标志车有哪些要求？

标志车颜色为黄色，顶部应安装黄色警示灯，后部应安装标志灯牌,可用于临时养护作业或移动作业。

14.什么是长期养护作业?有哪些要求?

长期养护作业是指定点作业时间大于24h的各类养护作业。

应加强交通组织,必要时修建便道,应采用稳固式安全设施并及时检查维护,加强现场养护安全作业管理。

15.什么是短期养护作业?有哪些要求?

短期养护作业是指定点作业时间大于4h,且小于等于24h的各类养护作业。

应按要求布置作业安全控制区,可采用易于安装拆除的安全设施。

16.什么是临时及移动养护作业?有哪些要求?

临时养护作业是指定点作业时间大于30min,且小于等于4h的各类养护作业。

移动养护作业是指连续移动或停留时间不超过30min的动态养护作业,分为机械移动养护作业和人工移动养护作业。

临时或移动养护作业控制区布置可在长期和短期养护作业控制区基础上,在保证安全的前提下根据实际情况,进行简化。

17.养护作业中个人防护用品有哪些?

安全帽、安全带、防护服、防护鞋、防护手套、防护面具等。

18.养护作业人员安全规定有哪些?

养护作业人员应按有关规定穿着反光服,佩戴安全帽,必须在作业控制区内进行养护作业。人员上、下作业车辆或装卸物资必须在工作区内进行。交通引导人员应面向来车方向,站在可视性良好的非行车区域内。

19.施工车辆安全管理有哪些要求?

(1)施工车辆应自觉遵守交通安全法规,严禁超速行驶、人货混载、非交通管制区域倒车等违规行为。

(2)施工车辆驾驶室顶部明显处应设置箭头指示灯,对于特殊车辆(驾驶室高度不足),应在其最高部位顶部设置箭头指示灯。

(3)清扫车和洒水车应在车尾悬挂移动式施工作业标志。

(4)养护作业期间,施工车辆须开启作业标志灯牌及黄色警示灯。

(5)车辆进入或撤离作业区时,需要专人引导,同时注意避让现场作业人员及设备。

(6)作业期间若有社会车辆进入作业控制区域内,应立即停止施工,做好防护措施,并及时通知路政和交警协调处理。

(7)作业完成后,所有车辆必须按照指定路线撤离,待人员、设备、机械全部安全撤离后,方可收取安全防护设施。

20.施工机械安全管理有哪些要求?

(1)严格执行安全规定,对所有施工机械实行"统一管理、统一调派",施工机械应在作业区内指定地点停放。

(2)施工机械不得"带病"运转,如运转中发现异常情况,应立即切断电源,待机检查,排除故障。

(3)机械操作人员应严格执行"三检"制:作业前的检查制度、作业中的观察制度、作业后的检查保养制度。

(4)应按时对施工机械进行保养,严禁机械带故障或超负荷运转。禁止在机械运行过程中进行保养或维修作业。

21.材料安全管理有哪些规定?

(1)公路陡坡、急弯内侧的路肩严禁堆放砂石料等堆积物,其余路段因养护作业需临时堆料的,材料应整齐堆放在工作区内。

(2)过渡区内不得堆放材料。

(3)堆置及移动材料时应小心,保持平稳,不致倾塌,避免发生生产安全事故。

(4)有毒有害、易燃易爆材料不得与其他材料混放或接触,应单独存放,有防雨、防晒需求的材料应做好相应保护措施。

(5)应急抢险材料应按规定备足齐全,并放置在易取处。

22.公路养护设施安全规定有哪些?

(1)公路安全设施在使用期间应定期检查维护,保持设施完好并能正常使用。

(2)用于夜间养护作业的安全设施必须具有反光性或发光性。

(3)公路养护作业控制区安全设施的布设和移除,应按移动养护作业要求进行。安全设施布设顺序应从警告区开始,向终止区推进,确保已摆放的安全设施清晰可见;移除顺序应与布设顺序相反,但警告区标志的移除顺序应与布设顺序相同。

23.养护作业控制区两侧差异化布设安全设施应符合什么规定?

(1)车道养护作业时,在封闭车道一侧的警告区应布设施工标志和限速标志,在非封闭车道一侧的警告区应布设施工标志,并宜布设警示频闪灯。八车道及以上公路,在非封闭车道一侧的警告区尚应增设限速标志。

(2)路肩养护作业时,在封闭路肩一侧的警告区应布设施工标志和限速标志,在另一侧仅在警告区起点布设施工标志。

24.养护作业控制区安全规定有哪些?

(1)同一行车方向不同断面同时进行养护作业时,相邻两个工作区净距不宜小于5km。

(2)封闭车道养护作业控制区与被借用车道上的养护作业控制区净距不宜小于10km。

(3)养护作业控制区应设置工程车辆专门的出、入口,并宜设在顺行车方向的下游过渡区内。当工程车辆需经上游过渡区或工作区进入时,应布设警告标志并配备交通引导人员。

25.路基作业安全控制重点有哪些?

(1)通过日常巡查发现病害及时处治,保持良好稳定的技术状况。

(2)养护人员应对锹、镐等操作工具进行检查,确保木柄结实,连接牢固。清理过程中,作业人员间需保证足够的安全距离。

(3)作业人员不得随意横穿行车道,需要穿越行车道时,宜设专人指挥,仔细查看车辆行驶情况,确认有足够安全距离时快速通过。

(4)高陡边坡作业时,作业人员应根据情况佩戴安全带;开挖工作应与装运工作面相互错开,严禁上、下双重作业;在落石与岩堆地带作业,应先清理危石并设置拦截设施后方可进行开挖。

(5)人工挖基作业时,从基坑内抛上的土方应边挖边运,基坑上边缘暂时堆放的土方至少应距坑边0.8m以外,堆放高度不得超过1.5m。搬运块石或砌石时,不得将块石由高处向低处抛扔,防止砸伤他人。

(6)在靠近建筑物、设备基础、电杆及脚手架附近挖土时,必须采取安全防护措施。

26.路面作业安全控制重点有哪些?

(1)应根据车流量、天气等情况确定作业时间,不得在能见度差(如夜间、雨雾天)的条件下进行路面养护作业。

(2)机械作业前,应确保清扫车辆车况及各种安全警示标志正常;清扫车进入清扫路段时,应开启警示灯及警示音装置,并注意过往车辆的动态。

(3)保洁人员应身体健康,熟悉公路位置标牌标志,并随身携带通信工具,如感身体不适应立即请求救援。路肩清扫、清捡宜采用人工移动养护作业。作业时面向来车方向,随身观察来车动态,发现险情及时避让。

(4)沥青路面修复需根据工程量大小、作业时间长短布置养护作业控制区,宜采用临时养护作业。

(5)压路机作业前,应确保滚轮前后无人,作业范围不得超出作业区域;严禁在压路机没有熄火且无支垫的情况下,进行检修;压路机应停放在对交通及作业无妨碍的地方。

27.桥涵作业安全控制重点有哪些?

(1)作业人员进行桥涵高处作业时,应按照"高处作业人员"安全管理要求,严格落实各项安全防护措施;如需占用桥面进行作业时,应按规定要求设置养护作业控制区。

(2)中、小桥和涵洞养护作业应封闭整条作业车道为工作区,纵向缓冲区终点宜止于桥头。特大、大桥养护作业工作区起点距桥头小于300m时,纵向缓冲区起点应提前至桥头。工作区起点距桥头大于或等于300m时,应按相应的养护作业控制区布置。

(3)桥梁养护作业时应加强车辆限速、限宽和限载的通行控制。经批准允许通行的危险品运输车辆应引导通过。

(4)当预判桥梁养护作业会出现车辆排队时,应利用桥梁检查站、收费站、正常路段或警告区布置大型载重汽车停靠区,并布设"重车靠右停靠区"标志,间隔放行大型载重汽车,不得集中放行。

(5)桥梁养护作业影响桥下通航净空时,应按有关规定布设标志及安全设施。

(6)涵洞、通道更换伸缩缝填料(沥青麻絮)时,作业人员需预防高温烫伤;沥青加热时,作业人员应站在上风处。

28.隧道养护作业控制区安全要点有哪些?

(1)隧道养护作业时,当隧道养护作业影响原建筑限界时,应设置限高及限宽标志。

(2)隧道养护作业控制区中交通锥的布设间距不宜大于4m,缓冲区和工作区照明应满足养护照明要求。

(3)隧道养护作业人员应穿戴反光服装和安全帽,养护作业机械应配备反光标志,施工台架周围应布设防眩灯。

(4)特长、长隧道养护作业应全时段配备交通引导人员,轮换时间不得超过4h。大型载重汽车应间隔放行。

29.在隧道内进行养护作业有哪些注意事项?

(1)养护作业人员必须正确穿戴工作服、反光背心、安全帽、肩闪灯等防护用品。

(2)在进行1km以上的隧道维护作业时,应提前检测隧道内的一氧化碳、烟雾等有害气体的浓度及能见度,是否会影响作业安全。

(3)养护施工路段内的照明应满足要求,并设置必要的安全设施。隧道内禁止存放易燃易爆物品,严禁烟火。涂刷油漆时,不得穿容易产生静电的工作服;沾有涂料或稀释液的破布、手套及工作服等,应及时清理,不得随意堆放。

(4)对维护安全有特别要求的电子设施等,应按相关安全规程执行。

(5)在对明洞和半山洞养护维修时,应及时清除山体边坡或洞顶危石,以防伤人。

30.交通安全设施养护作业安全要点有哪些?

(1)标志标牌等交通安全设施清洗工程需要喷涂清洁剂时,作业人员须佩戴口罩和防风眼镜,防止对呼吸道和眼睛造成伤害。

(2)护栏、防眩板和视线诱导标养护作业,可按封闭内侧车道或封闭路肩的临时养护作业控制区布置,交通锥宜布设在车道分隔标线内侧,可布设移动式标志车。

(3)交通标志养护作业,根据其所在的位置,可按封闭路肩或封闭车道的临时养护作业控制区布置,可布设移动式标志车。拆除交通标志时,必须保证原有标志的指示、警示灯功能,可布设临时性标志。

(4)交通标线养护作业,应充分考虑施划标线的位置,按移动养护作业控制区布置,可布设移动式标志车,划线车辆应配备闪光箭头。施划标线后,应沿标线摆放交通锥。

(5)隔离栅(刺铁丝)拆除与安装时,作业人员应防止扎伤;桥梁防抛网拆除与安装时,应注意避免小型机具或材料坠落至桥下。

31.绿化养护作业应遵守哪些规定?

(1)进行中央分隔带苗木的浇灌、修剪、补植等作业时,应按作业控制区交通控制标准设置相关的渠化设施和标志。在陡坡处,严禁在同一断面的上下同时进行绿化养护作业。高速公路中央分隔带、边坡绿化浇水作业时,浇水车辆尾部应安装发光可变标志或按移动养护维修作业控制区布置。

(2)农药应选用高效、低毒、无污染药剂,喷洒作业完成后,剩余的药品、空瓶、空袋应及时整理,统一交回库房,定期外运处理,严禁随意乱扔。

(3)修剪作业时,应按规范布设作业控制区,并设专人维护交通秩序;注意修剪的安全距离,防止飞溅物对过往行人及车辆造成伤害。

(4)除虫喷药作业应避免高温和大风天气,并站立于上风向作业,且必须佩带口罩及防目镜,以防中毒。喷洒作业后,所有操作人员必须进行全身清洁后方可接触食物。

(5)应专人配制石灰水进行刷白,需戴好口罩、防风眼镜等防护设施,严禁石灰直接与皮肤接触;为避免步行过程中滑倒造成人体伤害,灰桶以20～30L为宜。

32.机电工程作业安全有哪些要求?

(1)除尘作业时必须戴安全帽,穿长袖工作服;使用电动工具除尘时,必须戴绝缘手套。除尘吹灰时必须戴护目镜,避免尘沙入眼。日常保洁带电设备,不得使用带水质物料擦拭设备的带电部位。

(2)停电检修设备时,在可能来电的各方向必须有明确的断开点,并在开关操作手柄上悬挂"严禁合闸、有人作业"的标识牌。临时工作中断电源后,必须重新检查电源,确定已断开,并验明无电,方可进行操作。

(3)配电房维护人员必须持有国家有关部门颁发的特殊工种操作许可证,熟悉供配电系统设备的性能、操作及维护管理。

(4)中央分隔带光缆维护作业人员,必须经过安全知识教育培训和安全操作技能的专业培训与考核,持证上岗。为保障作业人员安全和预防事故,作业前应逐级进行安全技术交底并签字。在高压线下方或附近进行作业时,作业人员的身体与高压线及电力设施最小间距应保持:1~35kV的线路为6m以上;35kV以上的线路为8m以上。

33.收费广场控制区养护安全作业有哪些要求?

(1)对收费广场区域设备维护时,车辆宜停放在站场办公区域内;车辆在紧急停车带停放时,应打开危险报警闪光灯,并在车后设置警示标志。

(2)收费广场养护作业应关闭受养护作业影响的收费车道,并布置养护作业控制区。

(3)工作区在收费车道入口处，可仅布置警告区、上游过渡区、缓冲区和工作区，警告区应布设施工标志，上游过渡区应布设闪光箭头或导向标志，车辆无须变道时，宜布设施工标志。工作区在收费车道出口处，可仅布置工作区和下游过渡区，并关闭对应的收费车道。

(4)匝道收费口前养护作业，应在匝道入口布设施工标志，并关闭养护作业的收费车道，上游过渡区和缓冲区长度均可取10～20m。匝道收费口后养护作业，应关闭对应的收费车道，并应布置下游过渡区，其长度可取5～10m。

34.特殊路段养护安全作业有哪些注意事项?

(1)安全生产管理人员应加强对车流动态监控，经常提醒来车减速，提示前方施工，随时做好安全避险的指挥准备。

(2)长下坡路段养护安全作业时，除满足"养护作业控制区布置"外，必须加长安全布控，作业控制区应增加有关设施，必要时应设专人指挥交通。

(3)弯道路段养护作业，除应满足"养护作业控制区布置"外，还应在弯道以前的直道上提前布控，控制区的施工标志应与急弯标志、反向标志或连续弯标志等并列设置。同一弯道不得同时设置两个及以上的养护维修作业控制区。

(4)对容易发生地质灾害的傍山、路侧险要(陡崖、深沟等)、高填方、挡墙等路段的养护安全作业，除应按相应的养护作业控制区布置外,应设专人观察边坡险情。

35.冬季冰雪天气安全作业有哪些规定?

(1)在低温季节进行养护作业时,作业人员应采取防冻保温措施。

(2)除雪设备应以机械为主,在进场前对设备进行预热和调试,确保各配件处于良好状态。

(3)作业人员及车辆应做好防滑措施,切实保障自身安全。对于人工除冰雪作业,尚应增设施工标志,且第一块施工标志与工作区净距应为50~100m。

(4)当除冰雪作业和防冻作业需昼夜进行施工时,应统一对现场进行指挥,并落实安全作业措施和交通控制措施。

36.雨季养护安全作业应符合哪些规定?

(1)雨季作业时应做好防水、防滑、防坍塌、防淹没等安全措施,及时进行修理加固,必要时应停止作业,人员及时安全撤离。

(2)应加强作业现场管理,及时排除作业现场积水。应对处于洪水可能淹没地带的机械设备、施工材料等做好防护措施,作业人员应提前做好全面撤离的准备工作。

(3)长时间在雨季中养护作业的工程,应根据条件搭设防雨棚,遇暴风雨时应立即停止作业。

(4)暴雨、台风前后,应检查工地临时设施、脚手架、机电设备、临时线路;发现倾斜、变形、下沉、漏电、漏雨等现象,应及时维修加固。暴雨、台风天气下,除应急抢险、抢险作业外,严禁进行公路养护作业。

(5)水毁抢修作业应严格按照规范布设作业控制区,参与灾后修复工作的人员、机械设备及物质应做好各类安全防护措施。水毁抢修工程应在危险地段设置警示标志,保证行车安全。

37.雾天及沙尘天气养护安全作业应符合哪些规定?

(1)除应急抢险、抢修作业外,严禁进行公路养护作业。

(2)应急抢险、抢修作业时,应会同有关部门封闭交通,安全设施上应间隔布设黄色警示灯,相邻警示灯间距不宜超过相邻交通锥形间距的3倍。

38.山区养护维修作业应遵守哪些安全要点?

(1)在视距条件较差或坡度较大的路段进行养护维修作业,必要时应设专人指挥交通,作业控制区应增加有关交通安全设施。

(2)控制区的施工标志应与急弯标志、反向标志或连续弯标志等并列设置。

(3)在同一弯道不得同时设置两个及以上养护维修作业控制区。

(4)养护维修作业人员在作业时应戴安全帽。

39.隧道安全管理包括哪些内容?

包括正常营运及养护作业和发生事故时的交通组织和安全防护。

（1）隧道洞口周围200m范围内，不得挖沙、采石、取土、倾倒废弃物，不得进行爆破作业及其他危及公路隧道安全的活动。

（2）养护作业的机械、人员的安全防护。养护作业宜选择在交通量小时段进行。养护维修作业控制区经设定后不得随意变更，作业人员不得在作业控制区外活动或将任何施工机具、材料置于养护维修作业控制区以外。

（3）隧道内发生火灾及重大交通事故或坍塌等突发事件时，必须立即报警并按消防等预案进行救援；并配合有关部门现场处理事故。事后，应尽快清理现场，排除路障，恢复隧道正常通行，并登记相关损失。应认真分析事故原因，恢复或改善隧道的防灾能力。

40. 公路水毁处治应采取哪些安全措施？

（1）在坍塌、滑坡上方，按其汇水面积及降雨情况，结合地形设置截水、排水沟，防止地表水、地下水流入坍、滑体。

（2）设置挡土墙或抗滑桩等，维持土体平衡。

（3）种植草皮、表面喷混凝土（水泥砂浆）、砌筑护坡或进行刷坡减轻土体，稳定边坡。

41. 桥梁水毁处治应采取哪些安全措施？

（1）稳定、次稳定河段上桥梁水毁，可根据调整桥下滩流、河床冲淤分布的实际需要及水流流向等区分情况，选择修建调治构造物。

（2）在不稳定河段上，桥梁水毁防治可根据河岸条件、河床地貌以及桥孔位置等区分情况修建调治构造物。

（3）根据跨径大小、墩台基础埋置深度、桥位河段稳定情况，增建基础防护构造物。河床稳定、冲刷范围较小时，宜采用立面防护措施；河床稳定、冲刷范围较大时，宜采用平面防护措施。

42.破除旧路面应注意哪些安全要点？

（1）旧路面凿出宜有计划地分小段进行，以免妨碍交通，并应设置相关标志。

（2）用镐开挖旧路面时，应并排前进，左右间距不得少于2m，不得面对面使镐。所用工具应拼接牢靠，严防铁镐脱飞伤人。

（3）采用风动工具凿除旧路面时，应认真检查，保证各部管道接头必须紧固、不漏气。胶皮管不得缠绕打结，不得用折弯风管的办法作为断气办法使用，不得将风管置于胯下。风管连接风包后要试送气，检查风管内有无杂物堵塞，送气时要缓慢旋开阀门，不得猛开。风镐操作人员应与空压机操作手紧密配合，及时送气或闭气。对风镐应进行检查，合格后方可使用。钎子插入风动工具后不得空打。

（4）采用机械破除旧路面时，应有专人统一指挥，操作范围内不应有人，铲刀切入深度不宜过深，推刀速度应缓慢。

43.沥青洒布车作业中的安全要点有哪些？

（1）检查机械、洒布装置及防护、防火设备是否齐全有效。

(2)满载沥青的洒布车应中速行使。遇有弯道、下坡时,应提前减速,尽量避免紧急制动。

(3)驾驶员与机上操作人员应密切配合,操作人员应佩戴齐全防护用品,注意自身安全。作业时,在喷洒沥青方向10m以内不得有人停留。

44.碎石撒布机作业安全要点有哪些?

(1)根据现场施工人员的指挥,将碎石装入撒布机料斗。

(2)按照施工技术要求确定车速、撒布厚度,然后徐徐起步,开始撒布作业。

(3)撒布碎石时,撒布机车速要稳定,不允许在撒布中换挡。

(4)禁止撒布机自行长途转移。

(5)不允许用撒布机撒布大于粒径说明规定的石料。

(6)撒布机在工作过程中要安排警戒人员,以防发生碎石飞溅伤人事故。

45.桥涵维修加固施工中安全注意要点有哪些?

(1)在进行养护维修作业前,应结合施工组织设计,制订安全保障方案,并报有关部门批准。

(2)养护维修作业单位应按国家规定建立安全管理部门,配备专职或兼职安全管理人员,实施对养护作业人员的安全培训和教育。

(3)公路管理单位或经营单位应加强养护维修安全作业的管

理，公路管理机构对养护维修安全作业进行监督和检查。

(4)养护维修作业的安全设施应始终处于良好的工作状态，在未完成养护维修作业之前任何人不得随意撤除或改变安全设施的位置、扩大或缩小控制区范围，以保证养护维修作业控制区安全控制的有效性。

(5)当夜间进行养护维修作业时，应设置照明设施。照明必须满足作业要求，并覆盖整个工作区域。

(6)当进行养护作业时，应顺着交通流方向设置安全设施。当作业完成后，应逆着交通流方向撤除安全设施，恢复正常交通。

(7)应按时进行养护机械保养，严禁养护机械带故障运转或超负荷运转。

(8)禁止在养护机械运转中进行保养、修理作业。各种电气设备的检查维修，应停电后进行。

46.桥梁支座更换需要注意什么?

(1)设立明显的标志、标牌，引导车辆安全通行。

(2)全体施工人员穿戴标志服、佩戴安全帽、手套等劳保用品，加强安全教育，高空作业应佩戴安全带，支架周围要悬挂安全网。

(3)设置限速标志，通行此路段的车速不宜超过60km/h，派专人负责指挥交通，让社会车辆有序通行。

(4)千斤顶的放置位置应注意平整，顶升前应单一和统一调试各自动化控制系统的正常运行性，以保证顶升过程中的正常进行。

(5) 在梁体本身顶起 5mm 后,及时放置临时支撑。因主梁整体同步抬高,施工中应采取防侧倾支架,加强梁板横向位移施工监控。

(6) 顶升过程应严格按照规定分级加载控制程序执行。落梁程序与顶梁相反,落梁前应确认所有临时支撑已拆除,新支座已安装好。

服务区、收费站作业安全

1.财务管理应注意哪些安全事项?

主要危险源:盗窃、抢劫、车辆伤害、网络交易。

(1)交款时必须三人以上同行,有保安持器械全程护送。出纳前去银行存取款时,必须由保安持器械全程陪同,并随时更换行程路线。

(2)增加财务室防盗抢设施,安装防盗网、警报器等,严格按照安全生产制度进行管理。

(3)安装专业的网络安全系统,邀请专业人员定期对财务办公网络及设备进行安全检查,并教育员工不得在办公电脑上做与工作无关的事,不得随意下载相关软件。

(4)加强财务室员工安全生产的教育培训工作。

(5)财务室要在注意无人情况下及时锁门,保险箱用后及时上锁,定时更换密码。

2.餐厅经营应注意哪些安全事项?

主要危险源:盗窃、火灾、触电、食品中毒、机械伤害。

(1)定期对食品安全、设施设备及消防设施设备进行检查,确保安全生产。

(2)穿防滑鞋子、设置警示标志,避免走动时摔伤;服务员上菜时戴防烫手套,避免烫伤。

(3)提高自身的防火、防触电意识,熟悉灭火毯、灭火器等消防器材的使用方法,规范电器的使用。

(4)后厨定时检查抽油烟机及大灶,确保设施安全。规范使用并存放刀具、案板等器具。必须戴口罩、帽子等,避免发生食品安全事故。

(5)做好地面的防滑以及警示工作,防止客人摔伤。

(6)每天对后厨油、电、气管线接口、阀门、软管等进行检查,确保不泄露。经常检查电器线路有无老化,插座松动等现象。

(7)发现可疑人员及时上报,杜绝投毒、破坏等事件的发生。

3.怎样保障餐厅食品安全?

(1)仔细查看并检验原材料,对变质、发霉等原材料坚决不用。对直接参与食品加工的人员定期进行体检,做到人人持证上岗。

(2)对每日的菜品严格把关,并有专人负责食品留样。

(3)凡是进入冰箱的食物要进行安全检查,并做好密封工作,切勿生熟混放,避免发生交叉感染。

(4)刀具、案板要生熟分开,不可混合使用,并定期做好消毒工作。

(5)对餐具要严格施行"一清二洗三消毒四冲洗",确保餐具干净卫生;对已消毒餐具要放置指定地点,防止再次污染。

(6)生、熟、半成品、易串味的食品要使用密封容器盛装后分开储存,蔬菜、水果、肉类产品、水产品等不同的原材料应分开存放,避免交叉污染。

(7)加装安全保护设施,例如防鼠板、防护网等;定期排查是否有过期食品,确保食品安全;原材料要隔墙离地存放,必须有通风设备。

(8)严格规范食品索证索票制度,按批次索证索票并存档保存建立档案,以确保食品来源渠道合法,保证食品质量安全。

4.超市经营应注意哪些安全事项?

主要危险源:盗窃、火灾、触电、食品中毒、食品安全。

(1)收银员收款时要对钱款验明真伪,用验钞机验收;交接班时要将钱款交接清楚;结算交款时由安保人员陪同;加强员工培训,规范使用收银系统。

(2)加强夜间巡视,防范偷盗事件发生;库房门要及时锁闭,如需上货时必须由专人盯守;按时参加培训,规范电器使用以及火灾处理方法;熟练使用消防器材。

(3)收银台禁止出现无人看守情况,如果收银员有事离开必须由班长盯守。

(4)在超市库房高处取货,要有人跟随,以防摔伤,或被掉落货物砸伤,发生意外。

(5)库管在入库前检查食品的数量、保质期及是否有损坏、变质等情况,确保入库上架商品无过期、漏气破损等现象。开展商品周查月查,对卖场商品进行查验,临期商品及时下架。严格执行库房管理制度,入库商品隔墙离地,并坚持先进先出原则。

(6)严格执行食品退换制度,对自行检查中有质量问题的食品和行政监管机关公布的不合格食品,及时采取停止销售、退回供货方、销毁等措施。

(7)严格落实商品索证索票制度,按批次索票并做好存档。

(8)加强从业人员健康管理,取得健康证后方可上岗。

(9)做好库房及卖场的防鼠措施。

5.客房应该怎样防止发生安全事故?

主要危险源:偷盗、火灾、触电。

(1)工作期间注意是否有危险情况,如遇公共走廊、楼梯照明不良或设备损坏,要及时上报并联系维修。

(2)如工作地带湿滑或有油污,应立即使用抹布清理,防止滑倒出现危险。

(3)清扫房间时,如有用过的尖锐物品,应及时清理,防止被划伤。保持房间卫生的清洁(如杯具的消毒),布草的清洁(一客一换),加强卫生间设施清洗消毒。

(4)当使用高浓度的清洁剂时,要戴上手套,防止腐蚀皮肤。

(5)保持各用具的完好,损坏之后应立即保修,不可继续使用或擅自修理, 以免发生危害。

(6) 建立巡查制度。每次必须检查五项内容是:

①楼层上是否有闲杂人员。

②是否有烟火隐患, 消防器材是否正常及齐全。

③门窗是否关好。

④房内是否有异常声响及其他情况。

⑤设备、设施是否损坏。

(7) 加强客房锁匙管理。锁匙管理是安全管理的一个重要环节, 应采取以下措施:

①落实锁匙领用的登记制度。

②非上班人员不得领取锁匙。

③上班锁匙须随身携带, 不得随处摆放。

④禁止随便为他人开房门。

⑤发现任何门锁孔上留有门卡或锁匙, 服务员须敲门提醒客人取回门卡或锁匙, 如房内无人, 要将门卡或锁匙取下报告负责人并做好记录。

⑥如不慎丢失锁匙或门卡, 应及时上报, 通知电脑员更改密码, 必要时通知工程部换锁。

(8) 从来访客人和住店客人身上发现疑点, 加强防范。

①从查核证件中注意: 证件照片与面貌不相符; 印章模糊不清或有涂改现象; 证件已过有效期。

②从言谈中注意: 交谈中神态不正常, 吞吞吐吐, 含糊其词;

口音与籍贯不一致。

③从举止中注意：进出频繁，神情异常，行动鬼祟；用小恩小德拉拢腐蚀服务员；经常去串其他客人房间；打探酒店其他客人情况；携带违禁物品。

发现可疑人员应主动通知保安部，加强留意，如有异常情况及时上报。

(9)注意84消毒液与消厕灵不能混用，以防发生氯气中毒。

(10)客房内应设置醒目的"请勿卧床吸烟"提示牌和楼层安全疏散示图。检查消防提示内容，客人入住及时提醒客人不要卧床吸烟以防发生火灾，定期更换房锁及网络密码。

6.加油站应注意哪些安全事项？

主要危险源：偷盗、火灾、爆炸、触电。

(1)向员工普及安全生产知识，定期开展消防演练，杜绝安全事故的发生；定期检查加油站内设备设施，确保安全无隐患。

(2)加强安全生产意识和财产保护意识，防止盗抢事故的发生；员工加完油后，不与钱款接触，让客人直接去收银台交款。

(3)加强卸油、量油、加油、清罐四个环节安全管理工作。加油站在油品接卸等高空作业时，要佩戴好安全帽和安全带，仔细检查安全措施是否牢靠，避免在恶劣天气条件进行作业；严格按照操作规程操作，避免出现违章操作；接卸油品时将静电接地接好。

(4)在加油站内不能打手机，也不要将手机放置在汽车的油箱盖上，避免因手机振铃而引发火灾。禁止吸烟。禁止在加油站内检修车辆。

(5)应按照《危险化学品安全管理条例》的要求，对加油站从业单位的管理人员和操作人员进行必要的安全培训，使其掌握相关危险化学品的法律、法规、规范和安全知识、专业技术、职业性防护、应急救援等方面知识，经考核合格后，方可上岗作业。

(6)定期对加油站防雷、防静电设施进行检测。

(7)对加油机周围地面的油渍及时用专用工具设备清理。

7.汽车维修站应注意哪些安全事项?

主要危险源:偷盗、火灾、爆炸、触电。

(1)认真贯彻执行"安全第一、预防为主"的方针及国家有关的安全生产法律法规，制定适合本单位的安全管理制度和各工种、各机电设备的安全操作规程，并定期检查制度的落实情况。

(2)定期进行安全生产教育和安全知识培训，教育职工严格执行各工种工艺流程，工艺规范和安全操作规程，不得违章作业。

(3)各工种必须经过专业技术培训学习，掌握安全生产知识，并经考核合格后方可独立操作。

(4)严禁将危险物品带入维修现场，要害设备、易燃易爆品由穿戴防护用品的专人保养和管理，并经常进行检查和维修。

(5)维修人员不得穿拖鞋进入车间，不得酒后操作、打闹和聊天。

(6)维修车辆前,应将车辆停、架牢固后方可作业。举升设备应由专人操作,非工作人员不准进入车下,举车时不准检修举升设备。

(7)有毒、易燃、易爆物品和化学物品,粉尘、腐蚀剂、污染物、压力容器等应有安全防护措施和设施,压力容器及仪表等应严格按有关部门要求定期校验。

(8)根据季节变换切实做好防火、防涝、防冻、防腐及防盗工作,并制定相关措施,配备消防器材。配电设施线路确保完好,性能可靠,使用移动电具应有安全防护措施。

(9)发生事故要及时向上级主管部门汇报,保护好现场,查明原因妥善处理。

(10)大车轮胎更换充气时要使用防爆装置,维修设备要定期进行校查。

服务区、收费站 作业安全

8.维修班应该怎样防止安全事故的发生?

主要危险源:触电、高空作业、器具伤害、机械伤害。

(1)进行维修前必须佩戴安全器具,以防事故的发生;定期检查工具的完好性,确保安全操作;电器维修时,必须有人跟随,防止触电后不能及时抢救;高空作业时注重安全防护,佩戴安全带、安全绳等。

(2)严格按照安全生产巡查制度,对各项设备设施进行巡视检查,发现安全问题后立即上报,避免错过最佳解决时机;加强对消防设备的监管力度,定期更换消防器材。

9.车道上的车辆失火怎么处理?

(1)车辆失火,应立即封闭起火车道及两旁车道,紧急疏散火源附近车辆和人员,以防油箱爆炸造成伤亡事故。火灾难以控制,立即拨打119请求援助。

(2)通知高速公路巡警对前往该收费站下道车辆进行分流,防止车辆大量涌入,造成二次事故。

10.收费亭失火怎么处理?

收费亭失火,收费员应立即切断亭内电源,携票款紧急撤离收费亭。当班疏导员应迅速封闭失火车道及两旁车道。启动应急预案,现场人员使用备用灭火器立即进行扑救;若火灾难以控制,立即拨打119请求援助。

11.收费站出现突发事件报告程序是什么?

(1)向值班人员、站长报告,同时向主管部门和相关部门报告。

(2)发生火灾且难以控制时,立即拨打119。

(3)发生疫情需上报卫生防疫部门。

(4)发生暴力事件立即拨打110。

(5)出现受伤人员需拨打120。

(6)由于设备原因造成对车辆的损伤,需拨打投保保险公司电话。

12.收费员安全作业基本要求是什么？

(1)收费亭内夜间不允许闭灯作业。

(2)收费员在岗时必须锁好门窗，出入收费亭随手锁门。

(3)收费亭内严禁外来人员及闲杂人员进入。

(4)收费人员水杯应防置在水杯架上，无水杯架的要放在指定位置，防止水洒落在键盘及技术柜上。

(5)收费人员交班应列队下岗，集体交款。值班站长、班长分别列队首、队尾。

(6)严禁搭乘社会车辆上下班或办私事，搭乘社会车辆减免通行费按作弊处理。

(7)车辆驶入车道时往往距离收费亭较近，因此任何人员不准在收费亭侧面站立；不准在收费亭侧面递票卡零钱，以避免发生擦、碰等事故。

(8)收费人员上岗期间离开岗亭要着反光背心。

(9)收费人员如遇突发火灾能正确使用灭火器。

(10)收费人员上岗期间使用电暖器时，电暖器上不得覆盖易燃物，离开岗亭时要随时切断电暖器电源，使用空调，离开岗亭关闭空调电源。

13.收费人员与司乘人员发生争执时应怎样处理？

收费员遇到司机不缴纳通行费或因更改车型等原因发生争执时，应由班长委婉说服或借助相关部门协助解决，不要发生正面冲突，以免出现过激行为。

14.收费人员是否能拦截车辆?

任何情况下,不准正面拦截车辆;不准从正在行驶之中的车辆前面穿行;不准拽拉车身攀登车辆。

15.收费亭电源设备出现故障时怎样处理?

要定期检查电源插座、开关以及其他用电设备是否存在隐患,收费亭内的设施发生跑、漏电现象严禁私自处理,应及时通报上级并由电工维修。

16.恶劣天气收费员通过站区或安全岛时应注意什么?

应遵守"一慢、二看、三通过"的安全原则,在车辆停稳之前绝对禁止通过。

17.外勤人员着装应注意什么?

(1)执勤人员在外指挥车辆时要穿反光背心,在安全岛上指挥车辆,严禁在车道逗留。

(2)绿通验货人员验货时必须穿反光背心,待绿通车辆驶入车道停稳后方可开展验货工作。

(3)入口称重检测人员在外指挥劝返车辆时要穿反光背心,并与车辆保持一定安全距离。

18.保洁人员在车道上打扫卫生时应注意什么?

(1)顶棚信号灯是红灯标志。

(2)将封道杆关闭。

(3)摆放卫生作业标志。

(4)保洁员穿反光标志服。

19.如何避免升降杆自动下落砸伤他人？

当班收费员和外勤人员应提醒下车交费、问路的司乘人员在车道内行走时注意安全,避免因升降杆自动下落时砸到交费人员。

20.票证室需配备的"三铁一器"是什么？安装报警设备的作用是什么？

"三铁一器"是指铁门、铁窗、铁皮柜和报警器。票证室安装连通监控室的报警装置,以便当特殊事件发生时,及时向站区外界人员报警、求援。

21.票证员遇抢匪闯入票证室应如何应对？

遇抢匪闯入时,票证员要沉着冷静,首先要保证自身安全。在确保自身安全的前提下抓住一切机会报告监控室,同时尽量与劫匪周旋拖延时间,为救援人员到来赢得时间。

22.保险柜(夜间金库)放置应注意什么？

保险柜(夜间金库)置于监控镜头范围之内,并配备报警装置,随时启动。

23.有价票据存放要求是什么？

(1)放置手工票、CPC卡、机打票的文件柜，随时上锁，置于监控镜头范围之内。

(2)有价票据锁入铁皮柜，置于监控镜头范围之内。

(3)收费亭内无人岗亭门窗上锁，机打票置于镜头之下，现金锁入收费箱，放于有人值守岗亭。

24.收费员中途与票证员兑换零钞注意事项有哪些？

(1)收费员收费过程中备用金不足时，应通过当班班长通知通行费会计准备零钞。收费员至少在1人陪同下去票据室领取备用金，领取过程必须在监控镜头下完成。

(2)收费员下班后，要及时将备用金如数交回，填写还款手续，并由通行费会计清点确认，妥善保管并及时存入保险柜，以备下一班次使用。

25.对外来人员进入票证室的管控措施是什么？

有外来人员进入票证室前，票证人员须通过门镜核实身份，确认无误后方可开门。

26.票证员日常检查报警设备及离开票证室时需注意哪些事项？

票证员定期检查保险柜、封包机防盗门窗和红外线报警器，发现损坏及时上报。票证员离开票证室时，将防盗门反锁，确保窗户锁死，红外线布防。

27.收费员领用退回备用金手续是什么？

收费员接班时向票证员领取备用金，填写《收费员备用金交接表》，票证员逐人发放，收费员本人领取，当面清点，不得代领，双方在《收费员备用金交接本》上签字。下班结账时，收费员先将备用金交给票证员，并当面清点，双方在《收费员备用金交接本》退回栏签字。

28.票证员之间备用金交接及与银行兑换零钞时的注意事项是什么？

票证员与票证员交接班时要当面清点备用金，并在财务综合管理平台进行登记。

票证员与银行之间备用金整钞兑换零钞时，填写《备用金兑换明细表》，注明按面值兑换的数量、金额等，将整钞和《备用金兑换明细表》放入收款包，用锁片锁好，在封包卡片注明备用金款包、金额等。同收费员款包一起交银行。与通行费收入分开，填写交接表，核对并签字盖章。票证员认真清点与银行换回的零钞备用金，并及时放入保险柜锁好。

29.核验保安收款人员身份及交接流程有哪些？

票证员核实收款人员和收款车辆是否已备案、车辆照片是否一致，验证上岗卡和POS机密码，验证收款箱是否完整，验明收款员身份后方可办理款项交接手续。由取款人员和收费站票证员核验收款箱信息，并在收款箱押运单和现金尾箱交接登记簿上签字确认。票证员填写《现金交款单》随款装入收款箱，将收款箱锁好、插好锁片并盖章，确保通行费安全。

30.食堂发生疑似食物中毒事件怎样处理？

发生疑似食物中毒事件，应立即拨打120急救电话联系医院或联系车辆，将患者在第一时间送医院就医。同时将食物留样进行封存，以备卫生部门化验，并立即将情况向站长报告，再由站长向上级主管部门报告。

健康生活篇

1.什么是健康?

世界卫生组织(WHO)在其《组织法》中指出:"健康不仅是没有疾病或虚弱,而是身体的、精神的和社会幸福方向的完满状态。"也就是说,健康的含义包括生理健康、心理健康和良好的社会适应能力。一个人不仅具有生理遗传,需要有健壮的躯体,而且还具有心理和社会属性,需要有良好的心理和社会适应能力。

2.健康的十条标准是什么?

为了衡量一个人的身体是否健康,WHO定出了健康的十条标准:

(1)有充沛的精力,能从容不迫地应付日常生活及繁重的工作,而不感到过分的紧张和疲劳。

(2)处事乐观,态度积极,乐于承担责任,事无巨细不挑剔。

(3)善于休息,睡眠良好。

(4)应变能力强,能适应外界环境的各种变化。

(5)能够抵抗一般感冒和传染病。

(6)体重适当,身体匀称,站立时头、肩、臀位置协调。

(7)眼睛明亮,反应敏捷,眼睑不易发炎。

(8) 牙齿清洁, 无空洞, 不疼痛, 齿龈颜色正常, 无出血现象。

(9) 头发有光泽, 无头屑。

(10) 肌肉丰满, 皮肤有弹性。

3.什么叫亚健康及其危害?

受社会竞争、环境污染、工作压力等因素的影响, 加上人们生活习惯的改变, 越来越多的人出现慢性疲劳、腰酸、背痛、适应力下降、反应迟钝、焦虑苦闷, 甚至抵抗力下降等表现。到医院就诊又查不出明确的疾病、明显的异常和确切的原因。医学上把这种似病非病的"第三状态"称为亚健康状态。

4.健康生活有哪些常见误区?

(1) 碳水化合物会让人发胖。专家证实, 这种说法从根本上讲是不对的。人长胖的主要原因是总热量的摄入量超过了消耗量。碳水化合物会带来水分、热量, 减少其摄入量确实能减轻体重, 但过分减少其摄入量则会导致人的身体得不到足够的能量。

(2) 冷冻蔬菜比不上新鲜蔬菜。冷冻的蔬菜瓜果, 只要不是反复地冷冻、解冻, 并且保存得当, 其营养成分几乎不比新鲜的差。研究者发现, 在冬季, 那些经过长途运输的蔬菜, 虽然表面新鲜, 但其实在抵达售卖地之前, 维生素和矿物质都已丧失殆尽了。相反, 由于冷冻一般都是在采摘后数小时内进行, 冷冻蔬菜反而能保留蔬菜瓜果本身的营养成分。

(3) 完全没必要吃主食。大多数人基本上都会天天吃米、面等主食。虽然米、面等主食提供的主要是热量,但完全不吃主食很困难,而且也没必要。我们只需注意调整主食结构,多吃些五谷杂粮。例如,多选择粗粮,而不要单纯食用细粮。

(4)晚餐会让人增重。营养学家认为,如果不是吃得太饱,摄入的热量超标的话,吃晚餐并不会影响身材。关键还是要看你晚上吃的是什么。有些人把晚餐看作劳累工作一天后的享受,喜欢在晚上大吃一顿。这种做法才容易囤积多余脂肪。

(5)睡得越少,脂肪消耗得越快。这种观点看起来似乎颇为合理:我们睡觉时,新陈代谢变慢,热量的消耗速度会随之降低,岂不正是睡得越多,脂肪消耗得就越慢吗。其实恰恰相反,专家认为充足的睡眠是减肥计划中必不可少的一项内容。睡梦中热量消耗速度固然会降低,但能刺激大脑发出饥饿信号的激素浓度也会下降。即使只克扣1小时睡眠,也会导致激素失衡。

(6)吃巧克力有害健康。研究表明,可可豆含有大量对心脏、血管有益的物质。这些物质能降低血压和血液的黏稠度,减轻炎症,功效简直可与阿司匹林媲美。只要避免食用过量,每天喝点黑巧克力饮品或吃一小块巧克力对健康很有好处。

(7)晨跑人人适用。晨跑这种锻炼方式备受大家青睐,因为它很容易实施,不需要专门场地或复杂的装备。晨跑虽好,并非人人适宜,因为它是高强度的体育运动,容易运动过量甚至会引发梗死。应当向专业人员咨询,确定自己是否适合晨跑,适合跑多长时间。

(8)额外补充蛋白质可促进肌肉生长。这种说法也许是保健品公司的诡计。实际上,如果不配合高强度体育锻炼的话,额外的蛋白质并不会增强肌肉组织。人体所需的蛋白质可以从日常饮食中获得,额外补充它反而会造成负担。

(9)饮酒有百害而无一利。有些人认为,应当完全杜绝饮酒。但专家早就证实,适量饮酒有利于健康。例如红酒就对心脏、血液循环有利。适量饮用白酒和啤酒也有利于健康。

(10)胆固醇是心血管疾病的罪魁祸首。这种观点完全错误。血液中的胆固醇浓度非常重要。血液的压力能让血管穿孔,机体会用胆固醇来修补这些小孔。如果胆固醇浓度适中,这些小孔可以被填平;如果浓度过高,最终会堵塞血管引发梗死。正常的血压范围是75~115mmHg。如果低压超过90mmHg,高压超过140mmHg,那就比较危险了。

5.每日十项健康行动是什么?

(1)吃一顿营养早餐。早餐是保证一天脑力活动的能源。

(2)每日吃蔬菜水果。多吃蔬菜水果的人可以减少患癌症与心脏病的风险。

(3)每日运动30分钟。运动的好处包括预防心脏病、糖尿病、骨质疏松、肥胖、抑郁症等。运动可以让人感到快乐,增强自信心。

(4)用牙线剔牙。这不仅可以降低蛀牙的患病率,还可以保护心脏。

(5)把大自然带进屋里。在家中或办公室中种植盆栽植物,或养一缸鱼欣赏,都是不错的选择。

(6)戒烟。吸烟者死于肺癌的人数是不吸烟者的16倍。戒除吸烟的习惯,不仅对自己的健康有利,也是对家人爱的表现。

(7)吃饭时关掉电视。吃饭时最好关掉电视,专心地吃好饭,好好享受桌上的食物。

(8)要工作也要娱乐。只知埋头工作,容易使热情缺乏,不妨放轻松一点。

(9)再忙也要和家人聊聊天。研究发现,拥有与他人的亲密关系可以预防心脏病并降低死亡率,还可以增强机体抵抗力。

(10)让自己有好睡眠。好的睡眠质量比睡眠时间的长短更重要。

6.应该摒弃的不良生活习惯有哪些?

(1)饿了才吃。有许多人不按时就餐,且有相当一部分人不吃早餐,理由之一就是"不饿"。其实,食物在胃内仅停留4～5小时,感到饥饿时胃里的食物早已排空。如果长时间处于饥饿状态,胃黏膜会被胃液"自我消化",从而引发胃炎或消化性溃疡。

建议:饮食要规律、营养要均衡。

(2)渴了才喝。平时不喝水,口渴时才饮水的人相当多。殊不知,等到渴了再补充水分为时已晚。他们不了解"渴了"是体内缺水的反应,水对人体代谢比食物还要重要。晨间或餐前一小时喝一杯水大有益处,既可洗涤胃肠,又有助于消化,促进食欲。据调查研究,有经常饮水习惯的人,便秘、尿路结石的患病率明显低于不常饮水的人。

建议：成年人每天需饮水 1500ml 左右。

(3) 累了才歇。许多人误以为"累了"就是应该休息的信号。其实不然，这是身体相当疲劳的"自我感觉"，这时才休息为时已晚。过度疲劳容易积劳成疾，降低人体免疫力，使疾病乘虚而入。

建议：在连续工作一段时间后，要适当地休息。

(4) 困了才睡。困倦是大脑相当疲劳的表现，不应该等到困了才去睡觉。按时就寝不仅可以保护大脑，还能提高睡眠质量，减少失眠。睡眠是新陈代谢活动中重要的生理过程。只有养成定时睡觉的习惯，才能维持睡眠中枢生物钟的正常运转。

建议：每天睡眠时间不少于 7 小时。

(5) 急了才排。很多人只有在便意明显时才去厕所，甚至有便不解，宁愿憋着。其实，这样对健康极为不利。大、小便在体内停留过久，容易引起便秘或膀胱过度充盈。粪便和尿液内的有毒物质被人体重吸收，可导致"自身中毒"。长期憋尿还可能会导致膀胱纤维化，使膀胱弹性降低，容量减少，更憋不住尿。

建议：养成按时排大便的习惯，以减少痔疮、便秘、大肠癌的发病机会。有小便就解，不要等到憋急了才去排。

(6) 胖了才减。随着生活水平的提高，肥胖患者日渐增加。引起肥胖的原因主要是进食过量、营养过剩、缺乏运动，而这几种诱因完全可以在体重超标之前加以预防。

建议：减肥不如防止肥胖，通过调整、控制饮食，防止暴饮暴食,加强体育锻炼。

(7)病了才治。对疾病应该以预防为主,等疾病上身时已经对身体造成危害。其实疾病到来时都是有信号的,比如人们常说的"亚健康状态"就是疾病的前奏。

建议:平时加强锻炼,提高自身抵御疾病的能力。感到身体"亚健康"时,把疾病消灭在萌芽状态。

疾 病 防 治

1.伏案综合征有哪些特点?

对于常年从事办公室工作的人员来说,容易发生一种类似于颈椎病,但又与颈椎病或颈部肌肉劳损不完全一样的症状,即颈部与肩背酸痛,局部活动不便、沉重或疼痛,肩部或上肢还会有麻木感,严重者可引起头晕头痛、眼花耳鸣、恶心,甚至视力减退。这些症状不是由某种特殊的疾病引起,而是由于伏案(低头)时间过长导致的,因而被称为"伏案综合征"。此外,长时间伏案工作,还会使许多人出现紧张性头痛。其特点是持续性隐痛、钝痛或胀痛,疼痛部位不恒定,大多为两侧,或一侧偏重。若病期较长的,会有头部紧箍感、顶部重压感及眉间区收缩感,晨起较轻,逐渐加重,以至午后工作常感困难,甚至无法坚持。此外,还常伴随着焦虑、急躁以及头晕、失眠、多梦、倦怠乏力、记忆衰退等症状。

该病的发病原因主要是长期低头工作,导致颈、肩、背部肌肉紧张,血液循环受阻,缺氧,不能及时清除代谢产生的乳酸。因此,患者会感觉到肌肉疲劳、酸痛和活动不便。低头时间过久,颈部和大脑供血不足,从而引起头晕、眼花、耳鸣及恶心等症状。

要清除该综合征,就要多运动,避免伏案过久;要合理休息,并注意调整办公姿势。

2.腕管综合征有哪些特点?

所谓腕管综合征是指人体的正中神经在手掌部位受到压迫所产生的症状,主要会导致食指、中指疼痛、麻木和拇指肌肉无力。这主要是由于现代人的生活方式急剧改变,越来越多的人每天长时间接触、使用电脑所致。这些人每天重复在键盘上打字和移动鼠标,手腕关节因长期密集、反复和过度活动,以致逐渐形成腕关节的麻痹和疼痛。

腕管内压力,在过度屈腕时为中立位的100倍,在过度伸腕时为中立位的300倍。这种压力改变也是正中神经发生慢性损伤的原因。有的人使用鼠标时肘部悬空,处于过度伸腕状态,且不断有屈指动作,更加重对正中神经的损伤。

女性患腕管综合征的概率较高,比男性高3倍,其中以30～60岁者居多。这是因为女性手腕关节通常比较小,腕部神经更容易受到损伤。而且右手多于左手,多为一侧,亦有双侧。表现为单手或双手感觉无力,手指或手掌有麻痹或刺激僵硬感,手腕疼痛,伸展拇指不自如且有疼痛感等。每周若使用鼠标超过10小时,前臂、颈部和肩部便开始出现疼痛。越远距离地够着使用鼠标,肩部就越痛。这是由于从事电脑操作是一项静力作业,伴有头、眼、手、指的细小频繁运动,时间长,工作量大,会使操作者肌肉骨骼反复紧张,以致造成紧张性损伤,引起相应的病症。其他有可能造成类似影响的职业有音乐家、教师、编辑、记者、建筑设计师、矿工等,都是和频繁使用双手有关。此外,一些怀孕妇女和风湿性关节炎、糖尿病、高血压患者及甲状腺功能失调的人,也可能患腕管综合征。

预防的重点应该是加强自我保护,注意操作电脑的姿势,营造健康的工作环境。如个人座椅要调至适当的高度,使人坐着时有足够的空间放松腿脚;不要坐着或站立太久;坐时背部应挺直并紧靠椅背;不要交叉双脚,以免影响血液循环;打字时电脑的键盘应正对人体,斜摆在一边可能会导致手腕过度弯曲紧绷;键盘摆放的高度以及离人体平行距离应调整到打字时感觉舒适随意的位置。同时,每操作30分钟应暂停一会儿,让双手和眼睛适当放松或休息。

尽量使用人体功能键盘、4D鼠标,尤其使用4D鼠标可有效地减轻手腕部的疲劳。另外,最重要的是肘部一定不能悬空,要平放,以减轻腕部的压力。连续使用电脑时间不宜过长,要劳逸结合。一旦患上腕管综合征,要注意休息。

症状较轻者,可服用镇痛药加上休息,同时可进行按摩和热敷,采用舒筋活络的中药进行熏洗,或使用腕背屈位夹板疗法也有一定的效果。症状较重者,可采用封闭疗法,通常可收到较好的效果。

3.颈部疼痛怎么办?

颈部疼痛是职场较普遍存在的一种流行病,具体症状是肩膀和脖子酸痛、僵硬,扭动脖子时还发出可怕的"咔咔"的响声。究其原因,主要是工作中长时间的、单一的固定姿势造成的,如办公一族长期低头伏案,颈部处于相对固定的僵直状态,使颈部肌肉发生痉挛,加重颈椎损害。

颈部疼痛多为颈椎病危险信号。由于颈椎位于头颅与胸椎之间负重较大,而在结构上又相对比较薄弱,四周缺乏其他骨性保护,长时间处于某种姿势、缺乏运动的话,颈椎间盘内压力增高,颈部肌肉长期处于非协调受力状态,易导致下颈椎及其周围软组织发生劳损性病变而出现颈椎病。

缓解或消除颈部疼痛最好的方法是自我按摩。这是我国的传统医术,通过一定的手法直接刺激皮肤肌肉,具有舒筋通络、活血散瘀、消肿止痛的作用。现代研究也证实,按摩可以加速局部的血液循环,促进软组织的新陈代谢,有效地减轻和消除肌肉的粘连状态,从而起到缓解疼痛的作用。

对于已经发生颈部疼痛的患者,可以采用以下自我按摩手法:

(1)点揉颈椎。用拇指背过头顶,置于枕骨结节下缘旁,用力沿颈椎向下按揉5次,双手交替。

(2)按揉颈肌。用单手或双手食、中指同时在颈椎两旁颈肌从上到下按揉5次。

(3)提捏颈肌。用拇指、食指从风池穴开始,自上而下提捏至肩井穴5次。

(4)双手摩颈。用手掌侧置于一侧风池穴,用力摩向对侧风池穴,反复8次,双手交替进行。

以上自我按摩可根据自己的情况，每日进行1～2次按摩的力度。可根据个人的体质强弱、肌肉厚薄、病情轻重等情况调整。

在办公室里如果颈部感到疲劳，最简单的方法是两手的手指互相交叉，放在颈部后方，来回摩擦颈部，令颈部的皮肤有发热的感觉。可以连续摩擦36～81次。颈部发热后，会有很放松和舒适的感觉。

除了采取自我按摩外，每工作45分钟应休息一下，眼望远方，让颈部回复放松的状态，并慢慢旋转颈部。休息时间不一定很长，但可令颈部从原来的状态释放出来，不至于过度疲劳。

另外，我们平时也可以采用一些简单的小方法来预防和改善颈部疼痛。纠正生活中的不良坐姿，注意改变工作中长期单一的固定姿势，对预防颈椎疼痛非常重要。坐姿上尽可能保持自然的端坐位，保持正常生理曲线。通过升高或降低桌面与椅子的高度比例，调整最适合自己的体位。如果有条件，不妨设一块与水平线呈10～30度的斜面工作板，如同画板一般，在这块斜板上进行写字工作，同样有利于保护颈部。

我们睡觉时，也可以利用枕头和床来对颈部予以保护。根据人体工学，形状以"前高后低"的外形最有利于颈椎健康。这种枕头可利用前方凸出部位来维持颈椎的生理曲度。合格的弹簧床垫可以根据人体各部位负荷大小的不同和人体曲线的特点，采用多种规格和不同弹性的弹簧合理排列，起到维持人体生理曲线的作用。常见的木板床，也可维持脊柱的平衡状态。还有棕绷床，透气性好、柔软、富有弹性,也适合颈椎病患者使用。

总之,对待颈部疼痛不可以掉以轻心,必须认真对待,通过各种方法进行保健。

4.肩周炎的防治方法有哪些?

肩周炎是以肩部疼痛和活动障碍为主要症状的疾病,以往多发生于50岁左右的群体,被称为"五十肩"。可是,现在肩周炎越来越低龄化,不少在写字楼办公的职场人成为主要的群体。肩周炎发作后令人无法忍受,成为工作的羁绊。

肩周炎之所以出现低龄化,是因为很多经常坐在写字楼里的办公一族长时间对着电脑,保持一动不动的姿势,导致血液循环不畅通,或是夏天办公室里整日开着空调,使风寒入侵而引起的。

肩周炎作为一种职业病,对职场人来说,理应对其有所了解,做好防范准备。在中医看来,肩周炎的病因分内因和外因两种。内因是肝血、肾精不足,致使筋骨失养、骨节失灵。而外因是感受外邪,以风寒湿为主,邪气侵犯人体,阻滞经络,使气血运行不畅而发病。现代医学认为:机体进入中年后期,体内内分泌系统发生较大的生理变化,以性激素为代表的许多体液调节因素出现紊乱,影响各系统和器官。当这种影响波及肩关节,就会出现肩关节囊萎缩、变小,关节囊的滑膜层及周围组织发生无菌性炎症。

当肩周炎发作时,肩部和手臂出现疼痛,不能自如活动,给工作和生活带来诸多的不便。面对肩周炎带来的困扰,应采取积极的治疗保健措施,及早防范和治疗。

疾病防治

在治疗方面,应及早到正规医院进行积极的治疗。医生会通过药物、按摩、针灸、拔罐等综合治疗手段帮助患者解除病痛。

除了采取医疗手段外,还应该做好预防措施。

防寒保暖是预防工作中的重要环节。引发肩周炎的主要病因之一就是风寒的侵袭。寒冷湿气不断侵袭机体,使肌肉组织和小血管收缩。肌肉较长时间的收缩,可产生较多的代谢产物,如乳酸及致痛物质聚集,使肌肉组织受刺激而发生痉挛,久则引起肌细胞的纤维样变性、肌肉收缩功能障碍,从而引发各种症状。因此,在日常生活中要注意防寒保暖,特别是避免肩部受凉。

坐着办公时不要耸肩,更不要弓腰而坐。调整好椅子和桌面的高度。在敲键盘的时候,双肩要保持自然下垂状态。切记一定要按时放松。肩部只保持一个姿势,超过15分钟,就会产生僵硬、紧张的后果。所以,无论你有多忙,在伏案工作时,每15分钟也要活动一下双肩,避免造成慢性劳损和积累性损伤。

加强锻炼也是必不可少的。在不伤害肩关节及周围软骨质不损伤的情况下,可以进行适当的锻炼,如爬墙锻炼、体后拉手锻炼、外旋锻炼、摇膀子锻炼等。还可以进行关节运动,如太极拳、太极剑、八段锦、门球、双臂悬吊、使用拉力器、哑铃以及双手摆动等。肩周炎的锻炼要循序渐进地进行,不可用力太猛,否则可能造成新的损伤。

下述的锻炼方法可以改善缓解肩周炎的病痛,不妨一试。

(1)端肩。端肩锻炼是自行治疗肩周炎的重点疗法,能起到缓解肩痛的良效。先做左肩的端肩动作(向上耸),然后再做右肩端肩动作,左右交替进行,每次做20遍以上。

(2)爬墙。正面趴在一堵空墙上,双臂紧贴墙上,手指带动手臂逐渐向上做爬墙的动作。保持身体的稳定和不动,尽量让双臂向上爬得高一些,直到疼痛不能再向上为止。每天尽力让手臂向上爬,时间长了,就能逐渐缓解肩痛。

(3)划圈。每隔一两个小时,就做一下手臂划圈的动作。上下左右方向划圈或者前后方向划圈,顺时针、逆时针交替进行。可以一手叉于腰部,另一手臂划圈,也可两只手臂同时划圈。划圈时动作一定要缓慢深长。

(4)梳头。双手交替由前额、头顶向枕后、耳后绕头一圈,就如同做梳头动作,每次做20次以上。也可以做抱头动作:两足站立与肩同宽,两手交叉紧抱后脑;两肘拉开,与身体平行;两肘收拢,似挟头部。反复交替至少做20次。

(5)搓背。左臂从背后下侧摸背,右臂从背后上侧去拉左臂。往往两臂难以互相摸到。这时可以用一条毛巾连接两臂,如同搓背一样。

5.怎样预防腰背痛?

腰背痛是下腰、腰骶、骶髂、髋、臀及下肢痛的总称,是临床很常见的症状。

姿势是决定腰背部是否健康的最重要因素。错误的姿势是引起腰背部病变的主要原因,通常会导致脊柱的骨骼关节过早发生不可逆的退行性病变,引起肌肉不均衡和紧张,还会使韧带过度松弛或绷得过紧,致使腰背部疼痛。因此,在日常生活中,不正确的坐、立、行及睡眠姿势,长时间伏案阅读、书写和看电视、上网,在办公室长时间坐着工作,不正确的搬运物品,长时间驾车,家居生活中工作台面的高度过低,琐碎的家务事,以及运动损伤等,都会引起腰背部疼痛或加重腰背部疼痛的临床症状。

腰部疼痛并不是一个小问题,必须要引起我们的高度警觉。保持良好的坐姿,才能减少病痛的侵袭。当你坐在那里时,一定不能过于松弛,切忌整个腰部都松松垮垮的,以避免肌肉出现松弛。正确的坐姿是腰背应该略微挺直,靠着椅背,小腿自然向前伸出五六厘米,切不可以双腿垂直成90°直角,更不可以双腿向后收缩。工作一段时间后,调整自己的工作体位,不要让腰部长期处于某一别扭姿势。工作1小时左右,应站起来活动一下腰部,做做后伸、左右旋转腰部等动作,以预防和缓解腰痛。

可以借助一些物品帮助自己坐得更舒服些。如在办公桌下面放上一个不太高的小垫具,让腿部略微抬起,对腰腿部的肌肉有不错的调节作用。给自己准备一个硬度适中的小靠枕放在椅背处,工作的时候可以给背部一定的支持,减轻某些部位肌肉的疲劳。

午休时,一定要改掉每天中午趴在桌子上午睡的习惯。长时间这种扭曲和严重不放松的姿态,极易造成腰肌劳损。

当感到腰背疼痛时,按摩一下腰眼穴,可以防治腰背痛。腰眼穴位于背部第三椎棘突左右各开3～4寸的凹陷处,为肾脏所在部位。中医认为,肾喜温恶寒,常按摩腰眼处,能温煦肾阳、畅达气血。按摩时两手对搓发热后,紧按腰眼处,稍停片刻,然后用力向下搓到尾闾部位(长强穴)。每次50～100遍,每天早晚各做1次。

(1)站立姿势,两脚分开与肩同宽,腰部作前屈后伸活动。前屈时膝伸直,低头,双手尽量下伸。后伸时要仰起头。反复练习10次。

(2)站立姿势,两脚分开与肩同宽,腰部作左侧屈,左手顺左下肢外侧尽量下伸,还原,然后以同样姿势作右侧屈。反复练习10次。

(3)站立姿势,两脚分开与肩同宽,双手叉腰,腰部作顺时针及逆时针方向旋转各1次,然后由慢到快、由小到大地顺逆交替回旋10次。

(4)仰卧姿势,双手在腰后紧握,以腹部作支点,头胸和下肢翘起,膝关节伸直,每次抬起时间维持5秒以上。反复练习10次。

6.久坐危害怎样预防?

实现"每天锻炼1小时,健康工作50年,幸福生活一辈子"的目标。例如选择有规律的步行、慢跑、越野跑、沙滩跑、游冰、瑜伽、登山、溜冰、打球、练武术、扭秧歌、跳交谊舞等。训练时应注意经常变换运动方式,以避免厌倦情绪,使不同的肌群得到锻炼。锻炼时间每次应维持至少30分钟,运动频率每周至少应达到5次。

如果抽不出专门的时间进行锻炼,也可采用以下办法补救:①乘公共汽车上下班时提前两站下车步行;②改骑自行车上下班;③上楼时不乘电梯;④每工作1小时运动5分钟;⑤回家后主动做些家务劳动。

应注意饮食平衡。要少吃咸的、腌的、薰的、油腻的食品,多吃杂粮和蔬菜水果。

7.消除慢性疲劳综合征有哪些措施?

慢性疲劳综合征是亚健康的一种特殊表现,是以持续时间超过6个月或反复发作的严重疲劳为特征的一组症候群。常见症状为记忆力减退、头痛、咽喉痛、关节痛、睡眠紊乱及抑郁等。中医认为,精髓空虚、阴虚、气虚、血虚、阳虚、湿热、淤血和气郁的体质容易出现慢性疲劳综合征的症状。消除疲劳的措施有:

(1)消除体力疲劳:多摄入富含维生素和矿物质的食物。晚上洗热水澡和用热水泡脚,同时保证充足的睡眠。

(2)消除脑力疲劳:增加体育活动,适当饮茶。平时多吃些乳制品、蛋类、豆制品、果仁、鱼、虾及粗粮。

(3)消除心理疲劳:讲究心理卫生,树立正确的人生观与价值观,及时排除不良情绪。

8.失眠时怎样自我调养?

人的一生有1/4～1/3的时间是在睡眠中度过的。据研究,睡眠的作用有：消除疲劳，恢复体力；保护大脑，促进发育；增强机体免疫力；养颜护肤，延缓衰老等。

影响睡眠的因素主要有：

(1)环境因素，如噪声、光照、卧具不适或气候变化等。

(2)生理因素，如时差反应。

(3)社会心理因素，如为自己或亲人的安全而焦虑、为考试或接受重要工作而担心等。

(4)疾病，如各种疼痛性疾病、夜尿症、甲状腺功能亢进、睡眠呼吸暂停综合征等。

(5)精神疾病，如抑郁症、精神分裂症、老年痴呆、焦虑症、强迫症、边缘性人格障碍等。

(6)药物，如咖啡因、茶碱和各种兴奋剂。

(7)此外，含有酒精的饮料也能影响睡眠。

失眠的自我调养：消除对失眠的恐惧心理；睡眠要守时规律；晚餐不摄食刺激性食物和饮料；不宜在睡眠前工作、看书或做其他事情；午睡对失眠者是不适合的；在傍晚时分可进行体育运动，但应避免在入睡前2小时做剧烈运动；在临睡时及起床前揉腹，方法是以左手心按腹部，右手叠于左手背上，分别逆时针、顺时针按揉64周，再自胸部向腹部自上向下按揉64周次，动作宜轻柔。

9.快速入睡的方法有哪些?

失眠令人烦恼。下面就介绍几个快速入睡的方法：

(1)临睡前用热水洗脚或用手由里向外搓脚心90～100次，以加速血液循环和疏通经络,可使人尽快入睡。

(2)临睡前用手抚弄自己的耳垂,使心跳减慢,达到松弛的效果,从而帮助人进入梦乡。

(3)临睡前,盘起双腿坐在床上,身子后仰,约1分钟后,手脚伸展开,尽量使肌肉放松,同时保持均匀的呼吸,不一会儿,睡意就会自然袭来。

(4)临睡前,将1汤匙食醋倒入1杯冷开水中,搅匀喝下,即可迅速入睡,且睡得很香。

(5)临睡前,仰卧闭目,左掌掩左耳,右掌掩右耳,十个指头同时弹击后脑壳,使之听到咚咚的响声。弹击次数几下至百余,自觉微累为止。停止弹击后,头眠枕上,两手自然安放于身之两侧,整个人静静地躺着,很快就会入睡。

(6)在入睡前或醒后难以成眠时,取仰卧位,用一枕巾纵向折成三叠,将其中部盖在双眼上,然后围绕头部,把枕巾两头端压于后脑下。由于避免光线对眼睛的刺激和枕巾本身重量对神经有一定的镇静作用,即可使人很快入睡。

(7)临睡前15分钟,可取红糖25g,用300ml沸水化开,待放温后一次服下,便可使人很快入睡。

经常用多排短刺梳子梳头,可防止脱发,延缓脸部衰老。每天梳头,由前向后,再由后到前;由左至右,再由右至左。这样来回多梳几次,使梳子充分摩擦头皮及发根,从而达到按摩作用。

心 理 健 康

1.什么是心理保健?

心理保健是指通过采取一系列措施(如教育、训练、行为调整,以及医疗预防措施),使个体具有较好的心理素质和适应能力,使心理活动的功能状态达到较高的健康水平。心理保健的目的在于维护和增进人的心理健康。良好的心理健康状态是每个人正常生活、工作、学习所必备的条件。注意搞好心理保健,对提高人的心理健康水平,使人具备良好的心理适应能力有重要意义。

2.怎样保持心理健康?

对自己不苛求。有些人做事要求十全十美,对自己的要求近乎吹毛求疵,往往因为小小的瑕疵而自责,结果受害者是自己。为了避免挫折感,应该把目标和要求定在自己能力范围之内,懂得欣赏自己已有的成就,自然就会心情舒畅。

对他人期望不过高。很多人把希望寄托在他人身上,若对方达不到自己的要求,便会大感失望。其实每个人都有他的思想、优点和缺点,何必要求别人迎合自己的要求呢?

疏导自己的愤怒情绪。当我们勃然大怒时，会做出很多错事或失态的事。与其事后后悔，不如事先加以自制。把愤怒转移至另一方面，如打球和唱歌之上，练就一种阿Q精神。

偶尔亦要屈服。一个做大事的人处事是从大处看，只有一些无见识的人才会向小处钻。因此只要大前提不受影响，在小处有时亦无须过分坚持，以减少自己的烦恼。

暂时逃避。在生活受到挫折时，便应该暂时将烦恼放下，去做你喜欢做的事，如运动、睡眠和看书等。等到心境平衡时，再重新面对自己的难题。

找人倾诉烦恼。把所有的抑郁埋藏在心底，只会令自己郁郁寡欢。如果把内心的烦恼告诉给你的知心好友或师长，心情会顿感舒畅。

为别人做点事。助人为快乐之本，帮助别人不单使自己忘却烦恼，而且可以确定自己的存在价值，更可以获得珍贵的友谊，何乐而不为呢？

在一定时间内只做一件事。美国心理辅导专家乔奇博士发现，构成忧思、精神崩溃等疾病的主要原因是患者面对很多急需处理的事情，精神压力太大而引起精神上的疾病。要学会自行减少自己的精神负担，不同时进行一件以上的事情，以免弄得心力俱疲。

不要处处与人竞争。有些人心理不平衡，完全是因为他们太爱竞争，使自己经常处于紧张状态。其实人之相处，应该以和为贵。

与人为善。我们经常被人排斥是因为人家对我们有戒心。如果在适当的时候表现自己的善意，多交朋友，少树敌人，心境自然会变得平静。

娱乐。这是消除心理压力的最好方法。娱乐方式不太重要，最重要的是令心情舒畅。

3.怎样保持心理平衡？

心理平衡主要是指一个人的意识达到了主客观的统一。如表现在社交上，就是人与人之间能保持一种友好的、相互体谅、维持互助合作的关系。心理平衡常被争吵、歧视、侮辱、压制等突发事件所破坏，使当事者在内心产生自卑、羞耻、绝望、埋怨、不满等情绪。尤其是在发生激烈的思想矛盾和纠纷冲突后，往往就会出现心理不平衡的情况。人们在这种情况下，常感到不愉快或嫉妒，严重的甚至会失去理智作出自杀、他杀等意料不到的过激行为。当一个人失去心理平衡后，怎样才能恢复呢？

要建立起"让人不为低，饶人不为痴"的观念，退一步海阔天空，进一步悬崖峭壁。要有"宰相肚里能撑船"的胸怀和气量。

不能在非原则性问题、鸡毛蒜皮的事情上纠缠不休或对什么事情都看不惯，牢骚满腹。适当改变所处的环境场所。受了气，感到不痛快，可以通过改变环境或场所来给自己一个调整心理的时间、气氛和空间，如游公园、赏花、听音乐等。只要能使自己平静下来了，心理也就能慢慢平衡了。

进行一些补偿性的活动。当不能以某种方式获得对某种需要的满足时, 可通过进行一些能满足这种需要或其他需要的活动进行补偿, 以达到心理平衡。如当你不能以某种方式来满足你的自尊心时, 你可以通过在其他形式的活动中成功来获得补偿性满足。

4.焦虑综合征有哪些特点?

焦虑综合征又称焦虑性神经症, 是以焦虑和情绪紧张为主, 伴之以自主神经系统和运动性不安等症状的神经症。据调查, 焦虑症在我国的患病率达7%, 女性患病率较高, 多数在青年期发病, 尤其以20~40岁多见。

焦虑综合征常与不良环境因素、个体性格、遗传因素等有关。不良环境因素, 如家庭变故、工作与学习方面过大的竞争压力等是常见的起因。尤其近30年来, 我国中小学生学习压力较大, 导致我国青少年学生以考试为特定对象的焦虑症多发。焦虑症患者的性格大多具有自卑、内向敏感、自责等特点。此外, 据调查, 焦虑症的亲属患病率大大高于一般人群, 患者的肾上腺素、去甲肾上腺素和乳酸分泌也有较大增加, 这表明焦虑症可能具有一定的遗传和生物学因素。

焦虑综合征的临床表现主要分急性发作与慢性发作两种。

(1)急性发作。患者表现出强烈恐惧, 因而无法自控, 同时还伴有自主神经功能障碍, 如心悸、盗汗、发抖、面色苍白、胸闷、心痛等。症状一般持续数分钟到2个小时, 可反复发作多次, 发作间隙不明显。

（2）慢性发作。常缺乏明确的对象和固定的内容，但患者表现出恐惧、紧张、不安、易发怒，且注意力、记忆力降低。此外还包括躯体症状和自主神经功能亢进，如头痛、肌肉紧张、震颤、睡眠不佳、有噩梦、心悸、面色潮红或苍白、尿频尿急、呼吸加快等。

焦虑症适合采取心理治疗。此外，在医生的指导下，服用某些抗焦虑或抑郁药物也有一定疗效。

5.怎样克服焦虑?

焦虑是人在自尊心可能受到威胁的情况下而产生的一种情绪体验。焦虑的作用具有两重性。从积极的一面看，它是人对待某件事态度认真、动机强的表现，对所面临的事有一种积极的紧张心理状态。从消极一面看，焦虑不仅可能妨碍能力的正常发挥，而且对身体健康有一定的负面影响。

形成焦虑的一个重要原因，就是不能正确认识自己。因此要矫正焦虑心理，就要进行自我形象修正，即：①发现自己的长处，肯定自己的优点，正确进行自我评价，增强自信心。②对担忧进行检查分析，把所想起的担忧一一写下，把担忧内容进行整理，把实质相同的合并起来，并按担忧程度的大小依次排列各项目。在此基础上，分析担忧是否有事实依据，担忧是否以偏概全。③考虑自己担忧是否极端化，是否把自己的不足、缺点过分夸大了，把自己的能力、长处过分缩小了。

针对担忧的不合理处，通过理性的分析予以辩驳。即使是"合理的担忧"也可以分析其危害。因为任何担忧都可能有以下几种

心理健康

危害：一是使人分心，注意力不能集中于需要干的事情。二是使人背上思想包袱。三是使人紧张，影响潜能的正常发挥。

对焦虑心理的行为矫正主要是自我放松。自我放松的方法之一就是积极的休闲。积极的休闲可使注意中心转移，并起到解除疲劳的作用，能使焦虑、紧张情绪得到发泄和松弛。没有束缚、没有压力、自由自在的休闲为心理留下了豁达的时空。

6.抑郁症的发病原因及主要表现有哪些?

抑郁症是一种以持续的情绪抑郁、心境低落为主要临床表现、病程迁延不愈的神经症。一般说来，抑郁程度较轻，常伴有焦虑、躯体不适和睡眠障碍，但无幻觉、妄想等精神病性障碍。病人自感内心痛苦，因而常主动求医。据调查，我国抑郁症患者发病率为0.3%，女性比男性比例稍高，无特殊的年龄段发病差异。

抑郁症的病因目前尚不十分清楚。一般认为，它的发病与以下几个因素有关：一是社会心理因素，如人际关系紧张、学习困难、工作压力大、家庭变故、意外事故、躯体疾病等。二是患者具有某些共同的个性特征，如喜欢独处、沉思、寡言少语、性格内向、自卑、自责自贬、对前途悲观失望等。有人认为，不良的认知模式、不合理思维对抑郁症的发生起重要作用。三是生化检查发现，患者体内的生化物质有某些改变，如去甲肾上腺素和5-羟色胺(又名血清素)减少。

抑郁症的主要表现为：①情绪抑郁、消沉、沮丧。患者自诉精神不振、疲乏无力。②自我评价低。患者常觉得自己无能，是个废物,甚至有轻生念头。③对学习、工作、生活、人际交往等活动的兴趣降低,缺乏热情,主动性不够,但基本能维持和参与活动,被动接触良好。④伴有自主神经功能障碍,如肠胃不适、便秘、失眠等。⑤患者自觉病情严重,常主动求医。因为有时对工作、学习等影响不甚明显,常被误认为是思想问题。

抑郁症的治疗一般以心理治疗为主,药物治疗为辅。在心理治疗中,以支持治疗和认知治疗效果较好。目前临床治疗中也使用三环类抗抑郁药物治疗抑郁症,这些药物或多或少都有不良反应,应遵医嘱。鉴于抑郁症的发病因素以心理、社会因素为主,因此应重视抑郁症的预防,尽量消除心理应激源,营造健康的外部环境,努力培养积极乐观、包容、健全、自信的个性。

7.忧郁有哪些身体上的表现?

临床心理学家说,当一个人忧郁时,不光有情绪上的表现,身体也会出现一些症状。

(1)四肢无力,不愿意动,有疲劳感。

(2)全身酸痛,头痛。

(3)胃肠道功能下降,食欲下降,体重也随之下降,比如一年内体重减少5公斤以上,或因此出现情绪异常波动,或是一周内体重减少1公斤以上等。

(4)睡眠节律改变,睡眠质量差,包括比正常情况多花两个小时以上才能入睡的"入睡障碍",以及入睡后中途会醒来好几次的"中断型失眠",比正常情况提早两小时以上醒来的"早醒型失眠"等。其中,最易出现早醒型失眠。

(5)思考问题迟缓,精力不足。

(6)焦虑:心烦、坐立不安、心慌、出汗。

8. 身体抑郁怎么办?

我们都知道人的心情会抑郁,可是身体也会抑郁。在日常生活中,人们做事常常缺少精力,总是感到身体不适,想到医院看病。一旦身体抑郁了,会突然发觉疲劳和不安怎么也挥之不去⋯⋯

临床心理专家说,想让身体挥别抑郁状态,应该从饮食、起居、情感等生活各个方面进行调节,才能达到很好的效果。

(1)肢体宣泄。生活中,要适时宣泄,把注意力转移到外界,不过于关注身体抑郁症状,以免形成心理压力、负担,对整个人产生影响。可通过注意力转移,如唱歌等来进行宣泄。

(2)舒张双肩。在我们心里不痛快时,一般都是垂下双肩,驼着背,勉勉强强地挪动脚步。不正确的姿势有碍血液的自由循环,压迫神经末梢并抑制5-羟色胺的分泌。如果一个人挺胸,舒展肩膀,走起路来步伐矫健,那他的心情一定舒畅很多。

(3)锻炼身体。科学家认为,呼吸性的锻炼,如散步、慢跑、游泳和骑马等,可使人信心倍增,精力充沛。比如散步可以使体内释放某些活力觉醒物质,让人觉得充满活力、清醒,而不是紧张与烦躁。散步回家时,人可以感觉到笼罩在脑海中的迷雾正在消散,会觉得精神振奋,同时情绪已经慢慢地得到了提升。

(4)排出"痛苦荷尔蒙"。一个人只要刻意加大"快活荷尔蒙"的分泌量,从人体内排出"痛苦荷尔蒙"(肾上腺素通常被称为"痛苦荷尔蒙"),就会变得快活。人们分泌肾上腺素时一般都是处在应激状态,比如跟亲人吵架,受到上司申斥或由于孩子淘气引起的恼怒等。事实上肾上腺素同毒物一样也可以排出体外,方法之一就是多喝水、多出汗。一些体力劳动,像搬家具等,在出汗的同时也可让激素随同汗水一起排出。

(5)饮食调理。身体抑郁,胃部会消化不好,要吃一些容易消化的、软的食物,颜色尽量丰富一些,增加食欲。多吃含大量维生素食物。喝点甜牛奶,利于安神。

(6)多吃"快活食物"。有些食物能帮助身体分泌更多的快活荷尔蒙,其中首推巧克力。此外,香蕉、梨和葡萄干也有促进快活荷尔蒙分泌作用。吃芹菜或者喝上一杯桃汁,也同样有助于振奋精神。

(7)建立支持系统。应该建立一个由朋友、亲人以及所有爱你的人组成的支持系统。被爱会温暖人的心灵,会让人紧张的神经放松,使人的不快蒸发,让人重新感受到生活的快乐和温馨。

另外注意,服饰上要选一些棉质、柔软的衣服,颜色亮一点,不要特别暗;房间相对明快一些,不要嘈杂;多听一些柔和音乐。

9.情绪不佳时怎样自我调节?

情绪是与有机体的生理需要是否得到满足相联系的体验。此外,它还与情景有关。当情景改变时,情绪也会发生变化。人的情绪受社会生活方式、文化教育水平和风俗习惯等条件制约。情绪不佳时，可采取下列方法自我调节。

(1)宣泄法：生气是拿别人的错误折磨自己。当你对生活环境感到极端厌倦、压抑时，应适当地发泄一下内心的积郁，使不快情绪彻底宣泄。你可以开怀大笑，也可以在无人处大声喊叫或号啕大哭，还可以向好朋友或与此事无关的人倾诉，完后会感到一身轻松。

(2)角色互换法：在心理上将自己与他人调换位置，设想自己是对方或是其他比你受伤害更重的人，将心比心地思考，摆正自己与他人的位置，找出自己在此次事件中应负的责任，这样就学会了理解别人，尊重别人，也不会再钻牛角尖。

(3)自我激励法：当自己被消沉、失望、自暴自弃等不良心理笼罩时，不妨对自己说："你难道就这样没出息吗？""一点小灾难就会把你击倒吗？"然后再作出积极的回答。通过一些富于挑战性和刺激性的语言，激发起自尊心和自信心，增强克服困难的信心和勇气，把自己从不健康的心理状态中拔出来。

(4)转移目标：有意识地将注意力转移到别的方面去。如在心情烦闷、焦虑不安时，去参加各种文体活动，或将心思集中到劳动或学习中去，以使自己从中获得乐趣和满足，排遣心中的忧闷和烦恼。

运 动 健 身

1.蹲立运动的具体做法及保健效果有哪些?

办公族易患心脑血管病、肥胖、糖尿病、癌症等现代生活方式病,这可能与长期缺乏运动和久坐导致的"四高"(高血压、高血脂、高血糖、高血黏度)及血液循环障碍有关。在这里,我们向大家介绍一个简便易做、无成本的保健方法——蹲立运动。

具体方法:两腿站立,与肩等宽,双手平伸,目视前方,掌心向下,反复蹲下去、立起来,并保持均匀较快速度。每组可做20～30次,每日晨起、上下午、睡前均可进行,同时配合做深呼吸效果更佳。

保健效果:蹲立运动有益于人体心、肺、脑及血管系统,可强身健体。若能在直立时踮起脚尖,还可起到按摩涌泉穴的作用。该项保健方法尤其适宜于肥胖者减肥。持之以恒,必有成效。

2.日常生活中锻炼身体的"小动作"有哪些?

晨起。醒时不必立即起床,可先伸个懒腰,舒展身体各部分关节,再闭目叩齿36次,有利于健齿明目。

刷牙。伴随刷牙的节奏,将脚后跟抬起、落下,反复运动,既可使脚脖子得到锻炼,也可防止小腿肚脂肪积聚。

梳头。尽可能将胳膊向上抬,既可活动肩部,又有利于身体曲线美。同时,缓慢而有序地梳理头发,还可按摩头部穴位,促进脑部的血液循环,使大脑清醒。

上下班。如果是步行,应直背挺胸,以增强腹肌,挺直脊柱,舒展颈椎。此法特别适合长期伏案工作的办公族。

乘车。可做握拳运动。将拳头迅速握紧,再放松展平,同时转动手腕。此法可改善手指血液循环,增强手腕各部分韧带的灵活性。

午休。午休对缓解人体疲劳十分有益。午睡要防止受凉,也不宜睡得时间过长。睡前用手掌按摩腹部,有助于消化,可防治胃肠疾病。

看电视。应尽可能舒展身体各部分关节,并且要经常改变姿势,以解除疲劳、保护视力。但不宜坐得离电视机太近,时间不宜过长。

睡觉。睡前散步,用热水泡脚,可促进睡眠。上床后可做提肛运动,用鼻吸气,即轻轻提肛,稍停放松,缓缓呼气。

3.怎样在桌边做保健操?

办公时间过长,用脑过度,脑部供氧不足,造成头脑昏沉。尤其到了下午,更显得精力不济,注意力无法集中。此时,可试做几套桌边保健操,简洁实用,既解除疲劳又能健身。请注意,运动时最好把窗户打开。

(1)坐在椅子上,轻缩下巴,将双手手指交叉互握放在后脑勺上,手肘关节尽量往后拉,停5秒钟,放松,重复5次。

(2)坐在椅子上,双手往后交握于下背部,双手往后往上伸使背部拱起,停5秒钟,放松,重复5次。

(3)坐在椅子上,身体向前弯,至双手手掌贴在脚背上,停5秒钟,放松,重复5次。

(4)坐在椅子上,左脚抬起到椅面高度,以双手抓住左脚脚踝,停5秒钟,放松,换成右脚抬起到椅面高度,以双手抓住右脚脚踝,停5秒钟,放松,重复5次。

(5)站起来,双手轻抚腰后,身体向后仰至有拉到腹肌的感觉为止,停5秒钟,放松,重复5次。

(6)站起来,双手手指互相交叉,双掌朝外前推,手臂向前上方伸直,至肩胛骨肌肉有拉紧的感觉为止,停5秒钟,放松,重复5次。

4.伏案办公有哪些健身建议?

在办公室连续工作3~5小时,常令人眼睛酸涩、头昏脑涨。若不注意调节和锻炼,就会出现疲劳、反应迟钝等症状。这不仅有损身体,工作效率也会大打折扣。以下是办公室7条健身经验:

(1)保持正确坐姿。伏案办公时,背部须挺直,眼睛与桌面的距离应大于25厘米:若上机操作,眼睛与显示屏的距离应大于45厘米。工作时应注意头部不可过分前倾,四肢舒展,两胳膊肘对上身应起到一定的支撑作用,双脚着地,两腿不应交叉。

(2)干洗面颊。全神贯注的工作50分钟左右,可用双手干洗面颊。其方法是左右手分别以左眼和右眼为中心,呈圆形揉搓5～6次,然后揉揉太阳穴,同时搓搓手、捋一捋头发。

(3)摇晃头部。包括左右晃动脑袋,以及以脖颈儿为轴,按顺时针和逆时针转动,以各3～5次为宜。

(4)倚椅后仰。在长时间的坐椅办公中,人的身体是向前方倾斜的,这样工作一段时间后,可将后背倚靠椅背,头部向后仰,以求得身体调节平衡。需要说明的是,椅腿不得翘起,后仰幅度不宜过大。

(5)注视远方。在双眼感到疲劳后,可闭目片刻,然后注视一下窗外的绿树、花草、蓝天等,以缓解眼部疲劳,增强继续工作的信心。

(6)踱步放松。坐时过长,而紧张的任务又不允许走出办公室,便可在室内来回踱步数次,做做深呼吸,或原地踏步,或双手叉腰活动一下腰部。

(7)少打电话多走路。若需进一步搜集核实有关数据资料,只要时间允许,应尽量减少打电话次数,可走出办公室进行搜集与整理。这样既可减轻工作,又可增加与有关人员的联络与沟通。

5.简易的室内健身运动有哪些?

长期伏案工作,头部处于前屈位,颈部血管轻度屈曲或受压,造成大脑的氧和营养供应不足,易引起头晕、乏力、失眠、记忆力减退等症状。伏案久坐,胸部得不到充分的扩展,心肺功能得不到很好的发挥,使罹患心脏病和肺部疾病的概率增加;久坐还会使腹部肌肉松弛,腹腔血液供应减少,胃肠蠕动减慢,从而导致食欲缺乏、腹胀、便秘等。为了身体健康,可采用以下几种适合室内进行的简单方便、行之有效的健身方法。

(1)梳头运动。用手指代替梳子,从前额的发际处向后梳到枕部,然后弧形梳到耳上及耳后,重复20~30次,可改变大脑血液供应,健脑爽神,并可降低血压。

(2)揉耳运动。左手横过头顶,手指捏住右耳尖,向上提拉15次左右,同样方法换右手提拉左耳15次左右,再两手揉捏耳垂20次左右,可达到清火益智、心舒气畅的效果。

(3)眼部运动。眼睛疲劳时,每隔半小时远望窗外1分钟,再用力向4个方向转眼球各10次,眼球向各个方向绕动各10周,最后闭眼,用手指轻柔眼部。这样有利于眼部肌肉放松,促进眼部血液循环。

(4)脸部运动。工间休息时,将嘴最大限度地一张一合,带动脸上全部肌肉以至头皮,进行有节奏的运动30次左右,可加速脸部血液循环,延缓局部各组织的老化,使头脑清醒,还可起到美容的作用。

(5)颈部运动。抬头尽力后仰,低头,下颌俯至胸前,使颈背肌肉拉紧和放松,并向左右两侧伸拉,反复15次左右,可起到健脑提神的效果。

(6)胸部运动。屈肘侧举,向后扩胸15次左右,两手相握上举后振臂15次左右,再双手抚胸,顺时针、逆时针各按摩10周左右,可使胸部伸展,呼吸通畅。

(7)躯干运动。躯干左右侧屈各15～20次;左右转腰各15次左右,再上体前屈,用拳轻捶后背、腰部20次左右,可缓解腰背佝偻、腰肌劳损等病症。

6.治疗疼痛有哪些妙招?

(1)肩颈酸痛。对于因常年打字及凝视电脑荧屏而引起的肩痛、颈痛、落枕等,应当在工作1小时后,左右"摇头晃脑"3分钟。这样的动作能散瘀活血,活动颈动脉,畅通呼吸管道,并帮助调节久未活动的颈椎,避免血液凝结在肩颈部,使累积的疲劳容易散开,避免某天早晨醒过来,突然落枕,不能转动脖子。

(2)手腕痛。手腕痛大都是因为长期打字、频频移动操作鼠标或写字等造成的。此时不妨多做"伸臂旋腕"的动作:将右手举在头右前方,手掌朝上,大拇指往下,小指往上,使手腕往右下旋转;同时,左手往左臀部旁伸,手指下垂,大拇指往上,小指往下,使手腕往右下旋紧。然后右手再尽量往上伸,左手尽量往下伸,同时以鼻子缓缓吸气,使两手腕周围感到酸麻,得到调整。最后,缓缓以嘴吐气,慢慢放下手臂。再换成左手在上,右手在下,同样方法运动。如此左右重复做几次伸臂旋腕,可减轻手腕的疼痛及加强腕部的功能。

(3)腰酸背痛。对于久坐引起的腰酸背痛、坐骨神经痛、足麻等,不妨每隔2小时左右摇动双腿5分钟,可立即改善下肢循环,舒缓膝腿、腰部的僵硬,或者伸伸懒腰,松弛一下脊柱,畅通呼吸,或者站着把脚伸直,把脚尖往上往内翘,使整只脚的背后经络感觉酸痛,整只脚的循环变好。

(4)眼睛涩痛。人们常因看电视、使用电脑、做功课及工作等,用眼过度,造成眼睛涩痛、容易流泪、疲劳、过敏、怕光、视力减退等。出现上述情况可常按摩左右眉头(攒竹穴)、眉毛中点(鱼腰穴)、眉尾(丝竹空穴)、下睛眶中点(承泣穴)、内眼角(睛明穴)等;可常吃有益明目的食物,如杏仁、柿子、油桃、地瓜叶、莴苣、桑葚汁、黑豆浆、菠菜、芥蓝菜、胡萝卜、鲍鱼粥、芒果、哈密瓜、橘子、金橘等。

(5)头痛眩晕。长期熬夜,容易引起偏头痛、眩晕、眼酸湿、黑眼圈、颈紧等。可多吃酸性及绿色的食物,如奇异果、青葡萄、青苹果、梅子、凤梨等,有入肝作用;并可常以拳头下缘敲打大小腿的内侧中线,即由脚踝上缘往上敲小腿内侧中线、大腿内侧中线,一直敲到鼠蹊部,左右腿各敲5~10分钟,早、晚各一次,可畅通肝胆经脉循环系统。

疫　情　防　控

1.如何做好办公场所疫情防控?

(1)办公室内。

保持办公区环境清洁,建议每日通风3次,每次20~30分钟。人与人之间保持1m以上距离,多人办公时佩戴口罩。勤洗手、多饮水,坚持在进食前、如厕后严格按照七步法洗手。接待外来人员需双方佩戴口罩。

(2)参加会议。

佩戴口罩,进入会议室前洗手消毒。开会人员间隔1m以上。减少集中开会,控制会议时间长度;会议时间过长时,开窗通风1次。会议结束后对场地、家具进行消毒。茶具用品建议用开水浸泡消毒。

(3)食堂进餐。

采用分餐进食,避免人员密集。餐厅每日消毒1次,使用餐桌椅后进行消毒。餐具用品须高温消毒。操作间保持清洁干燥,严禁生食和熟食用品混用,避免肉类生食。建议营养配餐,清淡适口。

(4)公务出行。

专车内部及门把手建议每日用75%酒精擦拭1次。乘坐班车须佩戴口罩,建议班车出行后,用75%酒精对车内及门把手擦拭消毒。

(5)公务来访。

须佩戴口罩,进入办公楼前严格进行登记测温、查验健康码等,并主动介绍有无发热、咳嗽、呼吸不畅等症状。无上述情况,且体温在37.2℃以下正常条件下,方可入楼公干。

(6)电话消毒。

建议座机电话每日用75%酒精擦拭两次,如果电话使用频繁可增加至四次消毒。

(7)空调消毒。

定期对送风口、回风口进行消毒。

(8)废弃口罩处理。

防控期间,摘口罩前后需做好手卫生。废弃口罩放入专用垃圾桶内,每天两次使用75%酒精或含氯消毒剂对垃圾桶进行消毒处理。

2.服务区室外广场有哪些防控要求?

(1)加强服务区进入场区车辆停放管理,实施分区停放,有条件的服务区应设置高、中风险地区车辆和冷链物流车辆停放专区。

(2)因疫情防控需在服务区设置检疫检测站点的,交通运输部门应会同卫生健康、公安等部门,优化站点设置,加强交通组织,避免车流人流交叉,减少停车场拥堵。

(3)加油站应尽量减少自助加油服务,避免司乘人员下车走动,做到快加快走。

(4)加强场区保洁管理,落实垃圾分类要求,设置废弃口罩专用回收箱,其余垃圾应分类管理,定点存放,及时清运,保持垃圾暂存地周围清洁。

(5)定期进行场区消毒,对高、中风险疫情地区车辆和冷链物流车辆停放专区、垃圾暂存地、自助加油设施等适当增加消毒频次。

3.服务区综合楼有哪些防控要求?

(1)科学调整综合楼功能区块,有条件的应将公共卫生间和餐厅、便利店等经营区域分离设置,减少人员聚焦。卫生间独立于综合楼设置的,加强通风和消毒,司乘人员通过体温测量、佩戴口罩后方可进入。保证卫生间水龙头等供水正常工作,有条件的应为司乘人员提供洗手液,免洗手消毒剂等。

(2)综合楼应分别设置出、入口(通道),在入口(通道)位置安排专人进行体温测量和健康码(健康证明)查验。对体温或健康码异常、未佩戴口罩、拒不提供健康码(健康证明)的,拒绝其进入综合楼内部。

(3)优化查验服务,通过设置智能化体温检测设备,提前张贴健康二维码等方式,提高检测效率,减少人员聚集。入口(通道)处工作人员应为不会使用或者没有智能手机的老年人、儿童等人员提供代查健康码、协助信息填报等服务。

(4)按照当地卫生健康部门要求,选择适宜区域设立临时隔离区,配合卫生健康部门工作人员做好异常人员引导、现场管理等工作。卫生健康部门人员未进驻服务区的,发现体温高于37.3℃或有呕吐、乏力、腹泻症状的司乘人员,应立即拨打120电话,移交当地卫生健康部门。

(5)合理控制进入综合楼内人员数量,优化服务措施,减少排队等候时间,设置"1米线",提醒司乘人员保持安全距离。加强室内通风换气,首选自然通风,也可采用机械排风。如使用集中空调,应保证空调运行正常,加大新风量,全空气系统关闭回风。定期对公共用品和设施进行清洁消毒,对扶手、门把手等重点部位,应适当增加消毒频次。

(6)根据疫情形势科学调整经营业态,高、中风险地区除公共卫生间、开水间、便利店、能源补给等开放外,其他经营业态宜暂时关闭,餐厅正常营业的应只提供打包外带服务,低风险地区经营堂食的,要控制餐厅内用餐人数,保持合理间距,适当增加通风消毒频次。

(7)推荐顾客采用非接触扫码付费,收取现金时要做好防护及消毒。

4.收费站收费亭有哪些防控要求?

(1)安排专人负责,采用喷洒含氯消毒剂等方式,对回收和库存的收费公路通行介质进行消毒处理,确保通行介质安全卫生。收费人员在收发环节,应按要求佩戴口罩和手套等防护用品,确保通行介质规范卫生收发。

(2)鲜活农产品运输车辆查验应由专人负责,并做好现场防护以及查验人员、设备的消毒工作。

5.服务区、收费站的内部防控管理上应该注意哪些问题?

(1)加强员工上岗管理,有高、中风险地区旅居史或密接史的员工,在规定隔离期满、卫生检测合格前,不得召回返岗复工。建立员工健康监测制度,严格落实"体温三测"(全员必测、岗前必测、岗中监测)和"四不上岗"(高、中风险地区返回人员未按规定隔离不得上岗、未按规定检测不得上岗、体温检测不合格不得上岗、未佩戴口罩等防护用品不得上岗)要求,杜绝带病上岗。

(2)加强员工就餐管理,采取分餐制,用餐人员应保持安全距离,减少餐间交流。鼓励错峰、打包方式就餐,尽量使用一次性餐具,重复使用的餐具应"一人一具、一用一消毒"。

(3)加强员工岗前培训,有条件的应邀请卫生健康部门专业人员对保安、保洁、收费员和管理人员等开展疫情防控专业知识培训。

(4)安排专人负责,每日定时对宿舍楼、办公楼、餐厅、厨房、收费亭等区域喷洒消毒液,做到每日通风换气,营造干净卫生站区环境。

(5)加强疫情防控物资储备,提前采购充足的口罩、消毒剂、洗手液、非接触式温度计以及必要情况下使用的专业防护服等防护物资,保障司乘人员和员工使用。

(6)通过广播、视频、海报等多种方式,开展卫生防护知识宣传,引导司乘人员和员工提高防护意识,落实好戴口罩、手卫生、"一米线"等防护措施。

6.如何做好公路工程建设项目工地疫情防控?

(1)实行实名制管理。严格进出场人员实名制考勤,真实采集和录入全部进场人员姓名、身份证号、班组、籍贯、联系方式等信息,做好人员登记和体温检测,结合疫情防控需要,科学合理组织施工。

(2)宣传和普及传染病防控知识,提高所有人员的自我保护意识。

(3)施工现场人员应佩戴一次性医用口罩,做好个人防护;勤洗手,做好手卫生。

(4)避免人员聚集活动,班前教育、技术交底等活动应分散开展,选择宽敞、通风的地方。

(5)加强环境卫生整治,对宿舍、办公场所、施工现场、食堂、卫生间和人员密集等重点区域,应做到每日清洁消毒。

(6)项目建设期间如有家属探访,要及时向项目建设单位报告,严格按照防控措施有关要求进行预防。

7.如何做好心理防控?

面对新冠肺炎疫情,一些人出现了焦虑、恐惧、过度恐慌、过度夸大疫情的情绪,不利于疫情防控。因此,居家百姓做好心理防护同样重要。

疫情防控

（1）疫情防控认知要科学。一定要通过官方渠道了解信息，客观理性地认识疫情，相信党和国家采取的有力措施，相信疫情是可控的。做好防疫配合，戴好口罩、勤洗手，开窗通风、不聚会等。不要相信、传播网传的小道消息。

（2）居家生活安排要合理。合理安排居家生活，可以跟家人进行一些健身、小游戏等休闲活动；整理以前没有整理好的文档、照片，规划接下来的工作和生活；和家人一起分享家庭计划和娱乐等。

（3）负面情绪影响要重视。充分认识到情绪的重要性，负面情绪会给我们身体、心理带来负面的影响，如心慌、头痛等躯体不适，严重的睡眠问题，甚至免疫力下降。因此，我们要正视自己出现的不良情绪，要学习觉察和评估自己所处的情绪状态。

（4）不良情绪状态要管理。学习管理情绪很重要，可以尝试转移自己的注意力；与家人交流表达自己的情绪；以适宜的放松活动，如做深呼吸、肌肉放松、适宜的运动等释放情绪；最重要的是要保持心态平和，以积极乐观的心态看待疫情，看待生活。

（5）自觉问题严重要求助。感觉自己有较严重的症状，对自己造成了明显的负面影响，要及时寻求帮助。可以与家人、朋友交流，寻求心理的支持；也可以向心理卫生专业人士寻求心理援助，拨打心理热线、网上寻求心理咨询，必要时可以去精神专科门诊。

应急避险篇

1.地震遇险时如何紧急避震?

地震,是由地球内部运动引起的地壳震动。按原因可分为陷落地震、火山地震和构造地震。其中以构造地震最为常见,震动也最为强烈,对人类文明造成的危害也最为严重。地震遇险时紧急避震应掌握4个原则。

(1)伏而待定。

这是我国古代地震中总结出的一条重要经验。地震不同于爆炸,房屋倒塌有个时间过程。一般情况下,破坏性地震的发生过程要持续几十秒钟,而从感觉震动到建筑物被破坏,大约有12秒钟,再到建筑物的牵动性破损和倒塌一般还会有数秒至一二十秒的时间。

因此,在地震刚刚发生的12秒时间内,千万不要惊慌,最好先不要动,而是努力保持站立姿势,保持视野和机动性,以便相机行事,根据所处环境迅速做出能够保障安全的决定。

避险要点:面临大地震,人们往往来不及逃跑,最好就近找个安全的角落,蹲下或坐下,尽量蜷曲身体,降低身体重心,注意保护头部和脊柱,等待震动过去后再迅速撤离到安全的地方。简单地说,就是"伏而待定"。

（2）因地制宜。

地震时，我们每个人所处的环境、状况千差万别，避震方式也不可能千篇一律，要具体情况具体分析。

避险要点：从平房逃出去后，不要站在院子里，最好的去处是马路旁边或宽阔的空地。如果有可能，可以再抱住一棵树，因为树根会使地基牢固，树冠可以防范落物。

如果是住在楼房，在地震发生时，最好不要离开房间。应就近迅速寻找相对安全的地方避震，在震后再迅速撤离。

避险要点：在城市地震应急中，暖气管道大有用处。因为其承载力大，不易断裂；通气性好，不易造成人员窒息；管道内的存水还可以延长被困者的存活期。此外，被困人员还能通过击打暖气片向外界传递信息。

（3）寻找三角空间避险。

地震自救的防范目标十分明确，即必须针对落顶和呛闷采取自救措施，切勿因躲避一般落物而干扰自己的动作。一句话，宁可受伤，不能丧命。

不要在意室内电灯、重物和设备的掉落，城市房间的高度一般仅比人高出1米多，即使被砸伤也不会致命。针对天花板的塌落，应该在看准位置后迅速躲靠，即躲靠在支撑力大而自身稳固性好的物件旁边，如铁皮柜、立柜、暖气、大器械旁边。最好靠近狭小的地方，如浴室、储物间。因为这些地方都建有承重墙，能抵抗一般的坠落性重物。

这样做的目的,是要利用房顶塌落时坠落的水泥板与支撑物之间所形成的一个"三角形自然空间"。在这个空间,既容易呼吸,又便于他人救助。这也提醒我们,平时就应当观察哪些地方能形成这样的三角空间。

避险要点:必须注意的是,只能靠近支撑物,而不能钻进去,更不能躺在里面。因为人一旦钻进桌椅床柜等狭小空间,就丧失了机动性,不但视野被阻挡、四肢被束缚,还很容易遭受连带性的伤害。这样,不仅会错过逃生机会,而且也会给灾后的救援工作带来极大不便。

用躺卧的姿势避震更不可取,因为人体的平面面积加大,被击中的概率也随之加大,况且躺卧时也很难机动变位。

躲避时身体应采取的姿势是:蹲下或坐下,尽量蜷曲身体,降低身体重心,额头枕在大腿上,双手保护头部。如果有条件,还应该拿软性物品护住头部,用湿毛巾捂住口鼻。

(4)近水不近火,靠外不靠内。

不要靠近炉灶、煤气管道和家用电器,以避免遭受失火、煤气泄漏电线短路的直接威胁。靠近水源,是保证生命的直接需要。不要选取建筑物的内侧位置,而应尽量靠近外墙,但是应避开房角和侧墙等薄弱部位。

以上4条避震原则,是躲避地震时应当遵循的最基本的原则。当然,最重要的,还是当事人当机立断的反应能力,即依据所处的实际环境,果断采取相应的避险措施。

2.地震发生时在特殊场所怎么办?

(1)在野外遭遇地震,一般应当尽量避开山边的危险环境,避开山脚、陡崖,以防山崩、滚石、泥石流、地裂、滑坡等。

避险要点:如果遇到地震引发的山崩、滑坡,要向垂直于滚石前进的方向跑,切不可顺着滚石的方向往山下跑。为避险,也可躲在结实的障碍物下,或蹲在地沟、坎下。此时,特别要保护好头部。

(2)发生地震时,如果汽车正在行驶,驾驶员应尽快减速,逐步刹车。乘客应当抓牢扶手,以免摔倒或碰伤,同时降低重心,躲在座位附近,护住头部,紧缩身体并做好防御姿势,待地震过去后再下车。如果地震发生时,汽车在立交桥上,驾驶员和乘客应迅速步行下桥躲避。

(3)如果地震时,正在工厂车间、影剧院、商场等公共场所,在时间允许的条件下,可依次迅速撤离。在来不及撤离时,可就近躲藏在车床、桌子、椅子、舞台等的旁边,最忌慌乱拥向出口。

避险要点:我们到超市、商场、影剧院等人员集中的公共场所时,应首先了解周围的环境,弄清楚疏散通道的位置。地震时避免被挤到墙壁或栅栏处,同时还要注意避开吊灯、电扇等悬挂物。

3.地震发生时正在乘搭公交车怎么办?

地震发生时,正在乘搭公交车,应注意下面几点:

(1)迅速蹲到座椅旁,紧紧抓住拉手、柱子或座椅,避免摔倒,降低身体重心。

(2)注意防止行李从架子上掉落伤人,并注意用衣物保护自己的头部。

(3)公交车在行驶中,不要跳车躲避地震。

避险要点:面朝行车方向的人,要将胳膊靠在前座席的椅背上,护住面部,身体倾向通道,两手护住头部;背朝行车方面的人,要两手护住后脑部,并抬膝护腹,紧缩身体,做好防御姿势。

4.地震被困时怎么办?

一定要镇定。专家研究发现,在极端的环境,尤其是灾难降临时,人们往往不是毁灭于身体的脆弱,而是毁灭于心理的脆弱。因此,①要树立"我一定要活下去"的坚定信念;②要暗示自己:"一定有人在积极抢救自己";③要用轻松的心情去应对灾难,尽量放松,做好等待救援的准备。

要注意休息,保存体力。①如果周围没什么动静,就不要大哭大闹,以减少不必要的体力消耗;②寻找一切可维持生命的食物和水,必要时可找容器接自己的尿喝,万不得已也可以吃纸类甚至喝墨水等液体;③要设法止血和包扎伤口。

要尽量保证自己所处环境的安全。①设法避开身体上方不结实的易倒塌物、悬挂物或其他危险物;②设法搬开身边可移动的碎砖等杂物,以扩大活动空间(但是要防止周围进一步倒塌,搬不动时不要勉强);③设法用砖石、木棍等支撑残垣断壁,以防余震时再被埋压;④如果闻到煤气及有毒异味或灰尘太大时,设法用湿毛巾、湿衣服捂住口鼻。

要设法传递信息出去。①有手电、打火机、火柴在身边的话，要用在刀刃上，在周围没有易燃易爆物的情况下，最好在晚上特别是外面有动静时使用；②若手机没有信号或者电量不多，应该先关机，待到有信号时才开启，或晚上外面有动静时再打开手机传递"这里有人"的信息；③听到废墟外面有声音时，要抓住机会呼救或不间断敲击身边能发出声音的物品，如敲击金属物、砖块、石头等，想办法让人知道你的存在。

5.地震时如何自救?

(1)被压埋后，如果能行动，应逐步清除压物，尽量挣脱出来，同时设法支撑可能坠落的重物。条件允许时，设法逃离险境，向更安全宽敞、有光亮的地方移动。

避险要点：地震时，粉尘、烟雾和有毒气体的弥漫会十分严重，这是造成人员伤亡的重要原因。所以，我们在地震避险时，如果闻到有异味或灰尘太大时，应当设法用湿衣物捂住口鼻。

(2)注意外边动静，伺机呼救。尽量节省力气，不要长时间呼喊，可用光和敲击的方法向外界传递信息求救。

(3)尽量寻找水和食物，创造生存条件，耐心等待救援。

(4)被压埋后，要坚定求生意志，树立自救生存的信心。

6.地震时如何互救?

(1)根据房屋居住情况，以及家庭、邻里人员提供的信息判断，采取看、喊、听等方法寻找被埋压者。

(2)采用锹、镐、撬杠等工具，结合手扒的方法挖掘被埋压者，应设法使被埋压者全身暴露出来。

(3)不要轻易站在倒塌物上。挖掘时要分清哪些是支撑物，哪些是埋压阻挡物，应保护支撑物，清除埋压阻挡物，才能保护被埋压者赖以生存的空间不遭覆压。

(4)在挖掘过程中，应首先找到被埋压者的头部，清理口腔、呼吸道异物，并依次按胸、腹、腰、腿的顺序将被埋压者挖出来，并用深色布料蒙上其眼睛，避免强光刺激。

(5)对挖掘出的伤员进行人工呼吸、包扎、止血、镇痛等急救措施后，迅速送往医院。

(6)对颈椎和腰椎受伤的伤员，应使用担架、木板、门板来搬运。注意用布带、绳子固定受伤部位，以免晃动。

(7)对暂时无力救出的伤员，要使废墟下面的空间保持通风，递送食品，等时机再进行营救。

7. 地震被困受伤后应避免哪些错误?

面对地震这种不可抗拒的、威力巨大的自然灾害，人体是渺小脆弱的，地震中受伤在所难免。如果受伤，应该避免的错误有:

(1)胸部有锐利物刺入，忌拔。震中建筑物坍塌很容易导致锐利的器物刺入人体胸部。此时，很多伤者习惯性的动作是顺手将锐器拔出。要注意，这是非常错误的做法。原因有两点:首先，在没有救护措施时突然拔出器物很容易造成血管破裂，大量出血,危及生命。其次,大气在拔出锐器的瞬间很容易进入负压胸膜腔,造成气胸,引发纵隔摆动,挤压心脏而致心脏停跳。正确的做法先用手稳固住插入物,也可简单用布条(紧急情况时可用衣服等代替)轻轻束缚住锐器刺入部位,避免剧烈活动,等待或寻求救援。

(2)近肢端动脉出血,绑扎点忌就近。地震造成手臂部或小腿部近肢端(也就是靠近手、脚的踝部)动脉出血,在绑扎时要注意不能在出血点就近部位缚扎,应选择过膝、过肘的绑扎点。因为相应大血管穿行于尺桡骨和胫腓骨之间,不利于止血且易伤及相关神经(桡神经)。

(3)皮肤破损出血,切忌用泥土糊。民间有种说法,皮肤破损出血时拿泥土糊上去可消炎止血。这其实是一个误区。泥土中含有一种厌氧菌——破伤风杆菌,用这种方法不仅起不到消毒止血的功效,还很容易导致破伤风,重者致命。

(4)骨折后(被砸后),肢体切忌"轻举妄动"。在地震中倘若遇到被砸的情况,首先要考虑骨折的可能性。在自救的过程中,要避免被砸部位的活动,防止骨折断端受到二次伤害,加重血管和神经的严重损伤。可因地制宜,找两个小木棍之类的东西越过关节夹住骨折部位,再用绳或布条缠绕,以远端指趾不麻木为宜,会起到良好的固定作用。

(5)颈椎损伤,忌抬颌后仰。地震中被长时间掩埋的伤员获救时,常有一个习惯性的动作,喜欢后仰一下头,深呼一口气,好像这样才能把胸中的废气排除干净,但往往此时意外就发生了。由于地震坍塌、高处坠落等因素,颈椎最易受到损伤,在长时间不动的情况下突然后仰过深(这种后仰动作在急救医学上称为"鼻颌位"),容易导致颈髓横断,造成脊髓休克,危及生命。正确的做法是用双手扶住颈部,两侧相对制动,最大限度避免颈髓横断致命性二次损伤。

(6)被困时呼吸忌快而浅。正常情况下,人体的呼吸频率为每分钟12~20次。在遇到地震等险情灾难降临时,人们处于惊慌失措或过度恐惧的状态,呼吸容易急促,换气频率加快。快而浅的呼吸容易使二氧化碳的呼出过多,人体供氧不充分,引起呼吸碱中毒,使氧解离曲线左移,组织释放氧受阻,致机体缺氧不断恶化,甚至导致昏迷等危及生命的严重并发症的发生。故自救时应控制情绪,保持镇静,宜采用慢而缓的呼吸方式,避免上述情况。

8.遇到泥石流或山体滑坡灾害如何脱险逃生?

在山区居住或者在山区游玩,尽量结伴而行,避免单独行动。年幼的孩子最好有大人看管陪同。尽量避免从山脚、河边和陡坡、山崖下路过,以防泥石流、山崩和滑坡(塌方)等危险,特别是大雨或暴雨天。雨季不要搬动路边或山坡上的松散风化石,不要到采矿区和采空区逗留游玩。

遇险地段无法绕行时,要先仔细观察,认为安全后再迅速行走。行走时,若听到山上有异常轰响声,要立即停下观察判断,并迅速离开险地,或者迅速跑到空旷处躲避。

发生泥石流、山崩和滑坡(塌方)时,要迅速跑出危险地带,要向山坡的两边速跑,切不可顺着滚石方向往山下跑,因为你只有两只脚,无论怎么跑都跑不过滚石、泥石流;也可躲在结实的障碍物下,如山洞、大树。若来不及逃离,特别注意要用木板、书包、衣物等保护头部,防止石块砸伤。

如果全身被埋住后,应尽快爬出来。实在爬不出时,要注意防止窒息,把头部露出来,或者挖一个孔通气,等待救援。

脱险后,赶快远离有山体滑坡的地区,因为那里可能还会再次发生山崩。

9.行车中遇到泥石流或者山体滑坡应如何应对?

雨季驾车出行前要了解目的地和沿途天气状况,尽量避免大雨天或连续阴雨天气前往道路等级很低的山区旅行,受到滑坡、泥石流危害。

驾驶着汽车在道路上,不幸遇到了滑坡,要沉着冷静,不要慌乱,然后采取必要措施迅速撤离到安全地点。

(1)迅速撤离到安全的避灾场地。发现前方公路边坡有异动迹象,比如滚石、溜土、路面泥流漫流、树木歪斜或倾倒等,应立即减速或停车观察。确认山体滑坡并判断可能威胁自身车辆安全时,要尽快退让。来不及或无条件退让时应果断弃车逃避。要朝垂直于滚石或滑坡体滑动的前进方向跑避。切忌不要在逃离时朝着滑坡前进方向跑。更不要不知所措,面对滑坡灾难临近而不避让。避灾场地应选择在斜坡缓,地面土石完整稳定,无流水冲刷的地段。千万不要将避灾场地选择在滑坡的上坡或下坡,以及松散土石构成的陡坡或者悬岩下。也不要未经观察,从一个滑坡区跑到另一个滑坡区或泥流危及区去。

(2)滑坡停止后,在道路被滑坡毁坏比较严重的地段,机动车无法通过,应原路返回,找到能够提供补给的地方,再考虑改走其他线路。若出现滑坡而两头断路时,要有计划地使用食品、饮用水和燃料,等待政府组织的救援。

(3)在遇到轻微塌滑的情况时,可先探查前方道路是否能通行车辆。如经简单处理后能够通行,可处理后小心通过。若不能通行,不要强行通过,应原路折返,另寻他途。

(4)雨季驾车在山区作长途旅行,要备好食品、饮用水和燃料、照明灯具、雨具、简易开挖工具、绳索、常用药等,以便急需。

(5)如果发生了车辆被滑坡淹埋的情况,应从滑坡体的侧面开始挖掘救人。

阴雨天在山区行车时,为防避泥石流灾害,可采取以下措施:

(1)沿山间河谷路段行车途中,注意观察周围环境,特别留意凝听远处山谷是否传出如闷雷般的轰鸣声或火车行进的震动声。如听到上述声音,要保持高度警惕,放慢车速,选择安全停车避让地段。这很可能是泥石流将至的征兆。

(2)不要在山谷和河沟底部路段停留,要选择平缓开阔的高地停车观察。不要将车停在有大量松散土石堆积的山坡下面或

应急避险篇

者松散填土路坡上。

(3) 如不幸在阴雨天途中因故停留在河(沟)地带,当发现河(沟)中正常流水突然断流或洪水突然增大,并夹有较多的杂草、树木,可以确认河(沟)上游已经形成泥石流。仔细凝听上游深谷内是否传来类似火车震动或打闷雷的声音。这种声音一旦出现,哪怕极微弱也应认定泥石流正在形成,应果断弃车逃避。不要躲在车上,以免被掩埋在车厢内。应选择最短最安全的路径向沟谷两侧山坡或高地跑,切忌顺着沟谷奔跑;不要停留在坡度大、土层厚的凹处;不要上树躲避,因泥石流可扫除沿途一切障碍;避开河(沟)道弯曲的凹岸或地方狭小高度又低的凸岸;不要躲在陡峻山体下,防止坡面泥石流或滑坡的发生。

10.山区遇见崩塌怎么办?

崩塌是陡坡上的岩土突然向下倾倒、翻滚的现象。崩塌会导致道路中断、堵塞和人员伤亡。

应急要点:

(1)不要在连阴雨天、大雨后进入山区沟谷。

(2)坡度大于45°、有明显裂缝的山坡,孤立的山嘴、凹形陡坡,容易形成崩塌。

(3)行人、行车应尽量避开易产生崩塌的山体,遇崩塌时应迅速离开崩塌路段。

(4)崩塌造成交通堵塞时,行车应听从指挥,接受疏导。

11. 火山爆发前的征兆有哪些?

(1)刺激性的酸雨、很大的隆隆声或从火山将要爆发的地面冒出缕缕蒸气,地面隆起,这些都是火山爆发的警告信号。

(2)火山爆发前常有微震,火山岩外壳出现破裂,火山震动有所增加,表明火山接近喷发。

(3)附近的地温、气温、水温升高、冰雪融化。地下水温会比平时要高,或出现异常。许多高大的火山常年处于雪线以上,如果火山上的冰雪融化,预示着将要爆发。

(4)动物异常。深海鱼游向浅水区,某区域发现奇特的鱼群或特殊未见过的鱼或其他深海动物;栖息于地中和水下的动物突然出现或死亡;海洋盐度改变,鱼族游向异常等。

12. 当遭遇火山爆发时应如何自救?

(1)应对熔岩危险:火山爆发喷出了大量炽热的熔岩,它会一直向前推进,直到到达谷底或者最终冷却。它们毁灭所经之处的一切东西。在火山的各种危害中,熔岩流可能对生命威胁相比较最小,因为人们能跑出熔岩流的路线。当看到火山喷出熔岩时,人们可以快速判断路线,迅速跑出熔岩流范围。

(2)应对火山喷射物危险:火山喷射物大小不等,从卵石大小的碎片到大块岩石的热熔岩"炸弹"都有,能扩散到相当大的范围。而火山灰则能覆盖更大的范围,其中一些灰尘能被携至高空,扩散到全世界,进而影响天气情况。如果火山喷发时你正在附近,这时你应该快速逃离,并戴上头盔或用其他物品护住头部,防止火山喷出的石块等砸伤头部。

(3)应对火山灰灾害：火山灰是细微的火山碎屑，由岩石、矿物和火山玻璃碎片组成，有很强的刺激性。其重量能使屋顶倒塌。火山灰可窒息庄稼、阻塞交通路线和水道，且伴随有毒气体，会对肺部产生伤害，特别是对儿童、老人和有呼吸道疾病的人。只有当离火山喷发处很近、气体足够集中时，才能伤害到健康的人。但当火山灰中的硫黄随雨而落时，硫酸(和别的一些特质)会大面积、大密度产生，会灼伤皮肤、眼睛和黏膜。戴上护目镜、通气管面罩或滑雪镜能保护眼睛，但不能是太阳镜。用一块湿布护住嘴和鼻子，或者使用工业防毒面具。到避难所后，要脱去衣服，彻底洗净暴露在外的皮肤，用清水冲洗眼睛。

(4)应对气体球状物危害：火山喷发时会有大量气体球状物喷出，这些物质以160km/h以上的速度滚下火山。这时，我们可以躲避在附近坚实的地下建筑物中，或跳入水中屏住呼吸半分钟左右，球状物就会滚过去。

(5)如果是驾车逃离，那么一定要注意火山灰可使路面打滑。如果火山的高温岩浆逼近，就要弃车尽快爬到高处躲避岩浆。

13.洪水来袭前该做哪些准备？

当洪水袭来的时候，对于身在受灾地区范围之内的人们，迫在眉睫的问题就是迅速转移。

洪水到来以前，在有计划地组织转移和撤离的时候，人们可以适当地多带一些物品，如家中比较重要的财产。另外还要带一些衣物,最重要的是饮用水和食物。

在紧急救生的时候,首先要考虑的是如何将人安全地转移出去,而不要过多地考虑带什么东西,以免耽误了最佳的逃生时机。

在必须准备的各类物品中,医药、取火设备很重要。同时还要仔细观察,如果发现某个通信设施还能使用,也尽可能地保存好。

如果准备在原地避水,应当充分利用条件。首先要准备可供几天食用的食物。同时,还要注意将衣被等御寒物放至高处保存。如果有可能,还应当扎制木排,搜集木盆、木块等漂浮材料,并加工为救生设备,以备急需。

避险要点:为防止其他意外伤害,选择在室内避水者,应该在室内进水前,及时拉断电源,以防触电。遇到打雷时要注意避雷。

14.洪水来临时可采取哪些应急措施?

(1)要保持镇定的情绪,避开危险地带。

洪水来临时,一定要镇定,不要惊慌,保持冷静心态避开土坯房内部、房顶及周围、墙边、马路两侧,电线杆及电线断头垂落处及山旁行洪道等地带,往地势高的地方跑,并避免接触洪水。如一时躲避不了,应选择一个相对安全的地方避洪,比如屋顶、高层楼房、大树、高墙等高的地方(但不要攀爬带电的电线杆、铁塔,或泥坯房的屋顶)。不要慌不择路,即使只有15cm深的洪水,它的流动速度也是非常快的,很容易把人冲倒。处于水深在0.7~2m的淹没区内,或洪水流速较大难以在其中生活的居民,应及时采取避难措施。

(2)要选择一切可以救生的物品逃生。

扎制木排,并搜集木盆、木块等漂浮材料加工成救生设备以备急需。常用的救生物品有空的饮料瓶、木酒桶或塑料桶、足球、篮球、排球、树木、桌椅板凳、箱柜等木家具及具有一定漂浮力的物品。使用油桶、储水桶等时要注意倒出原有液体后,重新将盖盖紧、密封;将空的饮料瓶、木酒桶或塑料桶扎在一起应急。

(3)正确选择逃生方向。

山洪暴发时,不要沿着泄洪道和低洼的方向跑,千万不要轻易涉水过河。要远离下列地带:危房及危房周围,危墙旁,洪水淹没的下水道,马路两边的下水井口及窨井,电线杆及高压电塔周围,化工厂及储藏危险品的仓库。

(4)要认清路标,避免因为心慌而走错路。

在洪水多发的地区,大多修筑有避难道路。一般说来这种道路是单行线,以减少交通混乱和阻塞。在这些避难道路上,设有指示前进方向的路标。如果避难人群未能很好地识别路标,盲目地走错路,再往回折返,便会与其他人群产生碰撞、拥堵,产生不必要的混乱。

(5)及时与外界联系。

如果被山洪困在山中,应及时与家人、朋友联系,让他们第一时间报告地方政府防汛部门,报告自己的方位和险情,积极寻求救援。特别注意不要贸然下水逃生。专家分析洪水中人员失踪的原因,不少是因为不了解水情而涉险渡水。因此,洪水中必须注意的是,不了解水情的人一定要在安全地带等待救援部门的救援。

15. 洪水来袭时如何自救?

洪水袭来,我们可能被困在树上、屋顶上,许多遇险者因此感到特别害怕,不知道如何求生。这时,我们该怎么办?

(1)及早选择避难所

避难所,一般应选择在距家最近、地势较高、交通较为方便的地方。这些地方应有上下水设施,卫生条件较好,与外界可保持良好的通信、交通联系。

城市避洪相对比较容易。许多高层建筑的平坦楼顶,地势较高或有牢固楼房的学校、医院,以及地势高、条件较好的公园等地方都可以作为避洪场所。

洪水冲击避难场所时,有条件的可修筑或加高围堤;如果没有条件,就应当及时、果断地选择登高避难,如基础牢固的屋顶,或在大树上筑棚、搭建临时避难台等。

洪水猛涨时,还可以用绳子或被单等物将身体与烟囱、树木等固定物捆绑,以免被洪水卷走。

避险要点:在平时学会观察自己周围的地形地貌,为自己选一个洪水到来时可以安全躲避的地点,并留神到这个安全地点的路线。

(2)积极主动寻求生机

如果被洪水围困,被困者一定不要绝望或者消极地等待救援,而应该积极主动地寻求生机。

(3)谨慎下水

我们还必须记住,洪水汹涌时切不可下水。因为此时除了水中的漩涡、暗流等极易对人造成伤害外,上游冲下来的漂浮物也可能将人撞昏,导致溺水身亡。

在水中时,我们还可能遇到其他的危险,例如被毒蛇、毒虫咬伤;碰到倒塌的电杆上的电线,发生触电。

(4)互帮互助

面对滚滚波涛,我们常常觉得很无助,但互帮互助也是摆脱困境的有效手段。碰上他人在水中遇险时,我们都要在力所能及的情况下,伸出援助之手。

16.不慎掉落洪水中怎么办?

(1)保持镇静,要屏气捏鼻子,避免呛水;不要乱扑腾,试试能否站起来。

(2)身边如有漂浮的大件物体要及时抓住。

(3)鞋子要及时挣掉。

(4)如会游泳,游泳或踩水动作要均匀缓慢,慢慢游向最近而且容易登陆的岸边;如果水太急,应该顺着流水方向慢慢向岸边游。

(5)如不会游泳,应该高声呼救;在漂浮中一定要尽可能抓住固定的或能漂浮的东西,保持镇定等待救援。

17.被洪水隔离困陷时怎么办?

被洪水隔离困陷,有几种情况,应该分别处理:

(1)严防死守。如果水面上涨的时候你正在一座坚固的建筑物里,那么就待在里面别跑。①关闭煤气和电路,准备好应急的食物、保暖衣服和饮用水;②如果可能的话,收集手电筒、口哨、镜子、色彩艳丽的衣服或旗子,这些可作求救信号之用;③时间允许的话,为防止洪水涌入屋内,首先要堵住大门下面所有空隙,最好在门槛外侧放上沙袋,沙袋可用麻袋、草袋或布袋、塑料袋做成,里面装沙子、泥土、碎石。如果预料洪水还会上涨,那么底层窗槛外也要堆上沙袋;④如果洪水不断上涨,应做好往楼上撤退的准备,储备一些食物、饮用水、保暖衣物以及烧开水的用具。

(2)抓紧逃生。如果水灾严重,水位不断上涨,就必须自制木筏逃生。任何入水能浮的东西都可利用:①挑选体积大的容器作救生器材,如油桶、储水桶等,迅速倒出原有液体后,重新将盖盖紧、密封;②树木、桌椅板凳、箱柜等木质家具都具有漂浮力;③空的饮料瓶、木酒桶或塑料桶都具有一定的漂浮力,可以捆扎在一起应急;④足球、篮球、排球也可以利用。

特别注意:在离开家门之前,要把煤气阀、电闸总开关等关掉,时间允许的话,将贵重物品用毛毯卷好,收藏在楼上的柜子里。出门时最好把房门关好,以免家产随水漂流掉。

应急避险篇

18.驾车时遇到洪水怎么办?

突发性洪水导致的死亡事件几乎有一半与车辆有关,因为司机几乎没有时间反应。如果洪水来临时,你正坐在车里,同时水位迅速上升,那么要立即冲出来,弃车逃到地势比较高的地方。如果在水中出现熄火现象,应立即弃车,因为在不断上涨的洪水中试图驱动一辆抛锚的车是十分危险的。

千万别尝试在已被洪水淹没的公路上行驶,除非前面有车辆成功穿越,否则永远不要试图单独穿越被洪水淹没的公路。如果你不小心开车到了一个被洪水淹没的地区,要迅速爬上车顶,大声呼叫救命。如果你看到某个人掉到水里,应扔给他一个能浮起来的东西,比如车座或者塑料架或任何能浮起来的比较大的东西。

19.洪水时被困车内怎么办?

一旦水势太大,一定要迅速离开汽车。要消除"汽车密封"或"在汽车中安全"等认识误区,也不要舍不得车上财物,这时候逃命要紧!

车内应急。一旦车被水包围且导致车门无法打开时,这时候要特别冷静,稍有不慎就会被水"活埋"。应该记住这一原则——压力相等再打开车门游出去。被水围困的情况多发生在小轿车或面包车、吉普车等车型较小的汽车,这类汽车由于发动机在车头,因此在深水中,车头会首先下沉,空气会集中到车尾,并逐渐缩小体积,车内人员可把头伸到车尾这个"大气泡"中呼吸。只有等到内外压力相等时,车厢内的水位才不会再上升。这段时间,①不要心慌,保护镇定,可进行慢呼吸来耐心等待并做好准备;②当水位不再上升时,可以深深吸一口气,然后憋气;③然后打开车窗或车门游出去;④往上浮游时应慢慢呼出一些气来。因为当人在车里时,车里和肺里的空气压力跟水压是一样的,而当人们浮游上升时,肺里的空气会随着水压的变小而膨胀,所以,若不呼出过多的空气,就会使肺部受到伤害。

20.洪水中如何救助他人?

在洪水灾害中,一旦有人溺水,应立即采取正确的方法施以援救,一定要给自己留一条安全绳。具体方法如下。

(1)如需要下水时应脱掉鞋、衣裤,无阻力下水,并从背面侧面接近落水者,以仰泳的方法将溺水者带到安全地带。

(2)在流动的河水中,应该朝下游一点的地方游,因为落水者本身也在往下漂。

(3)万一被落水者抱住,不要慌张,先将被救者的手脱掉,再从后面救助,用左手穿过其左臂腋窝抓住其右手,或从后面抓住其头部,以仰泳姿势将其拖到安全处。

21.雾霾天如何应对?

(1)雾霾天气少开窗。雾霾天不要早晚开窗透气,最好等到太阳出来后再开窗通风,室内使用空气净化器。

(2)外出戴口罩、帽子。口罩可以有效防止粉尘等污染物进入体内。出门前戴帽子可以防范吸附污染物危害头发。

（3）保持饮食清淡，多饮水，多吃蔬菜水果。

（4）最好减少出门及晨练。有心血管疾病患者，尤其是老人，雾霾天气尽量少出门，不宜出去晨练。

（5）外出归来要及时洗手、洗脸，去掉污染残留物，预防肌肤问题。

22. 如何观察天气征兆躲避暴雨袭击?

在夏季，当观察到下面几种天气征兆时，应加强对发生暴雨的警惕性：

（1）早晨天气闷热，甚至感到呼吸困难，一般是低气压天气系统临近的征兆，午后往往有强降雨发生。

（2）早晨见到远处有宝塔状墨云隆起，一般午后会有强雷雨发生。

（3）多日天气晴朗无云，天气特别炎热，忽见山岭迎风坡上隆起小云团，一般午夜或凌晨会有强雷雨发生。

（4）炎热的夜晚，听到不远处有沉闷的雷声忽东忽西，一般是暴雨即将来临的征兆。

（5）看到天边有漏斗状云或龙尾巴云时，表明天气极不稳定，随时都有雷雨大风来临的可能。

23. 遇到大雨或暴雨天气如何防御?

（1）危房及地势低洼住宅里的居民应及时转移。低洼地区房屋门口应放置挡水板或堆砌土坎，室内发生积水时，要及时切断电源。

(2)不要将垃圾、杂物等丢入下水道或河道,以防堵塞,造成暴雨时积水成灾。

(3)在积水中行走时要注意观察,贴近建筑物行走,防止跌入窨井、坑洞中。

(4)农田、鱼虾塘应及时排水,降低水位。

24.在家里遇上雷暴恶劣天气怎么办?

雷雨天气常常会产生强烈的放电现象,如果放电击中人、建筑物或各种设备,会造成人员伤亡和经济损失。

应急要点:

(1)要及时关闭好门、窗,并加固阳台、窗外易被吹动的物体。对钢筋水泥框架结构的建筑物来说,关闭门窗可以预防侧击雷和球雷的侵入。

(2)要拉下室内电闸,关闭家用电器,拔掉所有电源线和信号线插头。

(3)在室内,远离门窗、水管、煤气管、暖气管等金属物体。

(4)在室外远离孤立的大树、高塔、电线杆、广告牌等,不能停留在楼(屋)顶面上。

(5)不要使用设有外接天线的收音机和电视机,不要接、打电话。

(6)不要洗澡,尤其是不要使用太阳能热水器洗澡,不要使用淋浴器或接触水管。因为水管与防雷接地相连,雷电流可通过水流传导而致人伤亡。

(7) 遇到雷雨大风, 如没有很急的事情和特殊需要, 不要冒险外出, 并远离避雷针的引下线。

25. 在室外遇上雷暴恶劣天气怎么办?

室外遇上雷雨、大风, 应迅速到安全的地方躲避。①最好躲入装有金属门窗或设有避雷针的建筑物内; ②也可躲进有金属车身的汽车内。特别注意: 有帆布的篷车、拖拉机等在雷雨发生时是比较危险的, 应尽快远离; ③不要进入棚屋、岗亭等低矮不牢靠的建筑物, 以免发生坍塌和吸引雷电; ④不要躲在树下避雨; ⑤不要攀登电线杆, 避免发生触电事故。

(1) 如找不到合适的避雷场所时, 应采用尽量降低重心和减少人体与地面的接触面积的姿势, 可蹲下, 双脚并拢, 手放膝上, 身向前屈, 不要躺在地上、壕沟或土坑里。

(2) 来不及离开高大物体时, 应马上找些干燥的绝缘物放在地上, 并将双脚合拢站在上面, 切勿将脚放在绝缘物以外的地面上, 因为水能导电。特别注意: 不要用手撑地, 同时双手抱膝, 胸口紧贴膝盖, 尽量低下头, 因为头部较之身体其他部位最易遭到雷击!

要注意: ①不要骑自行车及摩托车; ②不要在河道及沟谷、洼地中行走或停留, 要向高坡和高处跑; ③不要在水面和水边停留; ④不要在河边、湖边洗衣服、划船、钓鱼、游泳、玩耍; ⑤不要在铁栅栏、金属晒衣绳、架空金属体以及铁路轨道附近停留;

⑥不要在旷野中使用雨伞等金属物体，以免被雷击中。因为如果在开阔地带行走，周围没有树林，人就成为大地的尖端，很容易成为直接被雷击的对象，所以不要高举雨伞或肩扛长的带金属的东西，如羽毛球拍、高尔夫球棍、锄头等；⑦不要进行户外球类运动，雷暴天气进行高尔夫球、足球等运动是非常危险的。

当在户外看见闪电几秒钟内就听见雷声时，说明正处于近雷暴的危险环境，此时应停止行走，两脚并拢并立即蹲下，不要与人拉在一起，最好使用塑料雨具、雨衣等。

出行遇到暴雨引发大面积积水，行人特别是少年儿童、妇女、老人要注意观察四周有关警示标志，注意路面，防止跌入窨井、地坑、沟渠等之中。遇到马路中央积水的水洼要绕行。

如果正在野外旅游，千万不要靠近空旷地带或山顶上的孤树，这里最易受到雷击，在树林中要找空地双脚并拢蹲下。也不要待在开阔的水域或小船上，高树林子的边缘，电线、旗杆的周围和干草堆、帐篷等无避雷设备的高大物体附近，铁轨、长金属栏杆和其他庞大的金属物体近旁，山顶、制高点等场所也不能停留。另外，在野外的人群应拉开几米的距离，不要挤在一起，也可躲在较大的山洞里。

26.在公共场所遇上雷暴恶劣天气怎么办?

在公共场所活动时遇到雷雨：

(1)如在水中游泳，不要惊慌失措，不要过于紧张，以免引起抽筋、呛水等意外，赶快上岸。特别注意：千万不要在大树底下换衣服。

(2)如果正在划船也要立即上岸,不要待在开阔的水域和小船上。

(3)露天集体活动应该马上停止,立即疏散人员。打球、游戏时,应该马上结束球赛和游戏,不要拉着手奔跑,彼此之间最少应隔开几米。

(4)在公共场所活动时遇到雷雨且没有掩蔽场所时,千万不要靠近空旷地带,避免站在山顶、河流、湖泊及岸边等场所。同时应立即寻找庇护所,装有避雷针、钢架的钢筋混凝土建筑物,是避雷的好场所,具有完整金属车厢的车辆也可以利用,但注意不要靠近避雷设备。橡胶、塑料雨衣有一定的绝缘效果。

27.遇到下冰雹怎么办?

直径大于2mm的固体冰粒称为冰雹。冰雹能砸伤人、家禽、牲畜,砸坏庄稼,是一种危害较大的短时强烈灾害性天气。

应急要点:

(1)如果是在室内,首要是要关好门窗,并远离窗口,以防冰雹击碎玻璃发生意外伤害。

(2)如果在户外,可以用雨伞、背包等物品保护好头部,以免被砸伤,并立即到安全的地方暂避。

(3)如果在野外,就可以到一棵较茂盛的树底下躲避。

(4)如果在车上,正在行驶的车辆更容易被砸坏。因此,遇到突发的冰雹,不要加速离开,最好先找个合适的地方停下来,至少也要降低车速,这样可以减轻或避免损失。

28.遇到大雪怎么办?

24h降水量达5mm以上的降雪称为大雪。大雪天气往往伴随道路积雪结冰的现象,极易发生交通和行人跌伤事故。

应急要点:

(1)在冰雪路上行车减速慢行,避免急刹车和急转弯,长途行驶应安装防滑链。

(2)路上行走或骑车时注意防滑,注意桥下、屋檐处冰凌融化落下伤人。

(3)冰雪天气使用汽车或自行车,应适量放气,增加轮胎与路面的摩擦力。

29.山林中落入雪坑怎么办?

自救互救要领:

(1)在雪中行走时先用树枝在前面探路。

(2)滑雪时严禁离开滑雪道,严禁酒后滑雪。

(3)坠落的瞬间,闭口屏息,以免冰雪涌入咽喉和肺部,引起窒息;坠落后同伴可用树枝、木棒、绳子将其拽上来。

(4)如果在野外旅行不慎落入雪坑,又没有人营救,如果有防水的睡袋应马上使用。

30.野外遭遇风雪如何避寒?

专家提示:出发前必须穿防寒服,备足御寒衣物。

自救互救要领:①白天想办法发出SOS求救信号;夜晚要挖

雪洞过夜。②挖雪洞时入口与藏身之处最好略微有个弯度,然后用树枝或棉布堵住洞口。③应注意不要使全身湿透,因为衣服潮湿后,不但不能保暖,还易使人冻僵。

31.如何在野外搭建避寒场所?

专家提示:进入寒区和雪地之前,应随身带有防水火柴、蜡烛、太阳镜和搭窝棚用的防水布。

自救互救要领:①以最快的速度建一个窝棚或雪洞御寒。②搭建时应考虑选择最佳安全地点。千万不可将窝棚搭在有可能发生雪崩的地方。③应选择有大树覆盖下的山脊上。④选择一平地,点火加热食物和求救。⑤应避开崖壁的背风处,因为在这种地形上,风很快会吹起大量的雪,将帐篷埋没。⑥在雪层较薄的地方,应先将架设点的雪扫净,在雪层较深的地方,应将雪压实压平。如果暂时不移动,应在雪中挖坑埋设帐篷,可以更好地抵御寒风。⑦在开阔地上设帐篷,在迎风面设置一道雪墙用来御寒,便于生火做饭。

32.野外遇到风雪如何求救与自救?

专家提示:在野外手机可能没有信号,电脑可能没有网络。宜随身携带对讲机,及时求得援助。

自救互救要领:①应随身携带对讲机与外界取得联系。②带上手电筒。③如果乘车在野外被积雪封堵,可通过移动电话向交通管理部门求救。④营地如果靠近村落,可向村民求救。⑤设法向有公路的方向靠近,向过往的车辆求救。⑥如果在茫茫雪海,可点燃树枝,在火堆上放上潮湿的柴草,保证让其冒烟;夜晚可放一些干柴,火越旺越好。燃放三堆火焰是国际上通行的求救信号,将火堆摆成三角形,各堆之间最好等距离。⑦可在地上摆出"FILL",是国际通告的紧急求救信号,每个字母长10m,宽3m,每个字母间距宽3m。⑧利用声音求救。可呼喊,也可借助其他物品发出声响,如棍子、罐头盒等。

33.风雪中的冻伤应如何处理?

专家提示:冻伤是指人长时间处于低温环境中产生的伤害事故。恢复冻伤部位的血液循环是救治的第一目标。

自救互救要领:①人体产生冻伤主要发生在手、脚、耳朵等部位,所以在风雪中应选择保温较好的羊绒制品或羽绒制品进行保温。②处理冻伤,首先应使患者尽快脱离寒冷环境,迅速脱去寒冷潮湿的衣物,进行保暖。要多方面补给热量。③用温水或者施救者用体温将冻伤处温暖至恢复血色为止,切忌摩擦及按摩冻伤部位。④抬高冻伤处可以减少肿痛。⑤轻度冻伤可用冻伤霜缓解。⑥重度冻伤,切忌采用雪搓、冷水浸泡、直接火烤等错误方法。应将受冻部位浸入40～42℃温水中快速融化复温,然后迅速送往医疗治疗。

34.汽车行驶中遇到风雪怎么办?

专家提示:汽车可因风雪抛锚,风雪中特别是长途客车要尽力保证乘客的安全。

自救互救要领：①将车窗关闭，保持车内温度不外散。②紧急启动恶劣天气预案，将不适合超低温的普通的柴油抽出，替换成防冻柴油。③冰雪路面起步困难，可在车轮下垫些杂草、麻袋、树枝等物，若还是不行，切勿强行起动，以防损坏轮胎或发动机。

35.外出旅游遇到风雪如何应对？

专家提示：大雪可能造成降雪区域内多条高速公路封闭，客车、列车、机场均可出现不同程度的晚点或采取停运措施。

自救互救要领：①去北方旅游应避开寒冻时期，因为此时冰天雪地，大雪封山，道路受阻，不宜开展旅游活动。参加冰雪节时，要多穿衣服保暖。②冰雪中旅行，脸、耳、鼻、手等裸露部位要涂擦防冻油膏，鞋袜不要穿得太紧。③途中休息时应勤换鞋袜，多用温水洗脚。④切忌在饥饿和疲劳状态下在野外旅行。⑤发生冻疮时应让其自行破溃，不能故意弄破，破后应消毒。⑥风雪中行进应辨清方向，以免迷路。⑦风雪中行车容易失控，驾驶者应格外注意。

36.风雪中如何保暖？

专家提示：冬季在寒冷环境中逗留时间过长，可引发心脏病、流感、支气管炎等，因此应注意保暖。

自救互救要领：①如果是风雪中宿营，衣物应置于睡袋内，必须戴毛帽、穿毛袜。将一些松软的衣服填在睡袋中，睡觉时将睡袋的缝隙都塞满,这样容易保暖。临睡觉前最好喝一杯热饮。帐篷应是专用的防寒帐篷。②用服装御寒,最外层的衣服应具有防风性;羽绒衣内形成相对不流动的空气层,保暖性好;内衣应选择柔软、吸湿、透气,利于保温、干燥的衣服。③风雪天皮肤最好不外露,以免被冻伤,要戴上棉手套和耳套。④禁止穿软底低帮的鞋或多层毛衣和外套,因为这些都不保暖不防水不防风。

37.风雪中如何防止脱水?

专家提示:风雪中严重脱水,被冻伤、冻死的可能性大大增加。

自救互救要领:①在雪中要保持能量以防损失过多而脱水。②进入雪山高原地区,许多登山者为了减轻颅内高压,防止脑水肿,有意识地使自己处于脱水状态,此种方法不宜提倡。正确的方法是:随身携带水瓶,要少饮,但不能不饮,否则也会危及生命的。③补水时,不可一次喝过多,应每隔5分钟小口喝水。

38.风雪中如何避免雪盲?

专家提示:造成雪盲的主要原因是因为眼睛完全暴露在雪地中,由雪地反光刺激产生。

自救互救要领:①在高海拔环境中,为了防止雪盲的发生,必须佩戴护目镜,阻挡紫外线,这种护目镜必须能滤过90%以上的紫外线,从而可以减轻雪地反射光的刺激。②旅行时可戴上一副黄绿色或茶色护目镜,既可阻挡紫外线,又可欣赏美丽的雪景。③如果在雪中没有带护目镜,可以用纸板或木片制作简易护目镜。

39.被雪掩埋时怎么办?

专家提示:身体被埋在雪内,要迅速使身体处于站立的姿态。

自救互救要领:①如果不幸落入雪坑,或被大雪掩埋,此时尽量使身体处于站立姿态,头顶向前用手及全身的力量冲出新积雪层表面。保证呼吸畅通;②如果有同行者,可用手中的手杖或树棍等设法让同伴及时发现;③如果不能从雪堆中爬出,要减少活动,放慢呼吸,节省体能。

40.如何在冰雪地行走?

专家提示:遇结冰路面,应慢行;不幸摔倒,尽量用手及双肘撑地,以减轻身体撞向冰面的冲击力。

自救互救要领:①在雪地上行走,切忌提重物;②双手也不要揣在衣兜中,双手来回摆动能起到平衡作用;③应穿带有防滑作用或鞋底粗糙的鞋子;④雪地行走时应佩戴护目镜,保护好眼睛。

41.海上遇见风暴潮怎么办?

风暴潮是指持续向岸大风和气压骤变引起的局部海面异常升高现象。风暴潮水可淹没港口、盐田、虾池,破坏船只,对沿海的客运、货运、养殖业等危害很大。

应急要点:

(1)海上作业的船只及时回港或者就近返港避风抗浪。

(2)人员及贵重的财物按照防潮指挥部的指令疏散转移到安全地带。

（3）及时加固抢修沿海防潮堤坝。

（4）正在岸边的船只应背离海岸行驶，防止撞坏。

42.龙卷风的特点是什么？

龙卷风多发生在夏秋季的雷雨天，尤以午后至傍晚最多见。

要学会识别龙卷风：当云层下面出现乌黑的滚轴状云，云底见到有漏斗云伸下来时，龙卷风就出现了。龙卷风的特点是：范围小、寿命短、跳跃性强、破坏力大。龙卷风从正面袭来时，有一种沉闷的呼啸声，由远而近。如果听到这种声音，应马上采取紧急措施。

千万不可因为龙卷风开始时移动的速度不快，就掉以轻心。

43.怎样减少龙卷风的侵害？

掌握必要的避险知识，可以将龙卷风引起的损失降至最小。

自救互救要领：

（1）在龙卷风多发地域，必须建有坚固的地下或半地下掩蔽安全区。

（2）停止地面一切活动。避开活动房屋和活动物体，远离树木、电线杆。

（3）保护头部最重要。在室内，人应该保护好头部面向墙壁蹲下。龙卷风已经到达眼前时应寻找低洼地形趴下，闭上口、眼，用双手、双臂保护头部，防止被飞来物砸伤。

（4）了解、掌握在各种条件下的避险知识，做好防护准备工作。

(5) 不可骑车或利用高速行驶工具躲避龙卷风。

44.躲避龙卷风的最佳处所在哪里?

最安全的位置是躲在地下或半地下的掩蔽处。

(1) 地下室、防空洞、涵洞以及既不会被风卷走又不遭水淹,也不会被东西堵住的高楼最底层是躲避龙卷风的最佳处所。

(2) 当处在建筑物的底层、底层走廊、地下部位时是安全的。

(3) 在田野空旷处遇到龙卷风时,可选择沟渠、河床等低洼处卧倒。

(4) 不要到礼堂、仓库、临时建筑这类空旷、不安全的场所躲避。

45.在公共场所如何躲避龙卷风的突袭?

在突发事件中,公共场所往往都是重灾区。

(1) 听从应急机构的统一指挥,有序进入安全场所。

(2) 如果在学校、医院、工厂或购物中心,要到最接近地面的室内房间或大堂躲避。远离周围环境中有玻璃或有宽屋顶的地方。

(3) 如果是在移动的房屋里,唯一的方法就是弃之而逃。

(4) 不要慌乱,避免挤踏,保证个人安全。

46.在家中如何躲避龙卷风?

家庭成员平时应接受躲避龙卷风的教育,提前规划安全避险的撤退路线和场所,并进行演习。

(1) 迅速撤退到地下室或地窖中,或到房间内最接近地面的那一层屋内,并面向墙壁抱头蹲下。

(2)迅速到东北方向的房间躲避,远离门窗和房屋外围墙壁等可能塌陷的移动物体。

(3)尽可能用厚外衣或毛毯将自己裹起,用以躲避可能四散飞来的碎片。

(4)跨度小的房间要比大房间安全。

(5)贵重物品要向楼下转移,也可放在洗衣机、洗碗机等电器里。

(6)不要匆忙逃出室外,尽量在屋内寻找安全地带。

47.在户外如何躲避龙卷风?

(1)应迅速向龙卷风前进的相反或垂直方向躲避。不要在龙卷风前进的东南方向迎风躲避,这样极易遭到伤害。

(2)就近寻找低洼处伏于地面,最好用手抓紧小而不易移动的物体,如小树、灌木或深埋地下的木桩。

(3)远离户外广告牌、空地、电线杆、围墙、活动房屋、危房等可能倒塌的物体,避免被砸、压。

(4)用手或衣物护好头部,以防被空中坠物击中。

(5)在屋外若能够看到听到龙卷风即将到来时,应避开它的路线,与其路线成直角方向转移,避于地面沟渠中或凹陷处。

48.驾车时如何躲避龙卷风?

(1)汽车对龙卷风没有丝毫防御作用。不要待在汽车内,风暴会将其掀上半空。

(2)在驾车时遇到龙卷风时,要当机立断,立即弃车奔到公路旁的低洼处,不要试图开车躲避。

(3)不要躲在车里,也不要躲在车旁。因为汽车内外强烈的气压很容易使汽车爆炸。

49.台风来临时应该怎么办?

(1)气象台根据台风可能产生的影响,在预报时采用"消息""警报"和"紧急警报"三种形式向社会发布;同时,按台风可能造成的影响程度,从轻到重向社会发布蓝、黄、橙、红四色台风预警信号。公众应密切关注媒体有关台风的报道,及时采取预防措施。

(2)强风有可能吹倒建筑物、高空设施,造成人员伤亡。居住在各类危旧住房、厂房、工棚的群众,在台风来临前,要及时转移到安全地带,不要在临时建筑(如围墙等)、广告牌、铁塔等附近避风避雨。车辆尽量避免在强风影响区域行驶。

(3)强风会吹落高空物品,要及时搬移屋顶、窗口、阳台处的花盆、悬吊物等;在台风来临前,最好不要出门,以防被砸、被压、触电等不测;检查门窗、室外空调、太阳能热水器的安全,并及时进行加固。

(4)准备手电、食物及饮用水,检查电路,注意炉火、煤气,防范火灾。

(5)在做好以上防风工作的同时,要做好防暴雨工作。

(6)台风来临前,应准备好手电筒、收音机、食物、饮用水及常用药品等,以备急需。

(7)关好门窗,检查门窗是否坚固;取下悬挂的东西;检查电路、炉火、煤气等设施是否安全。

(8)及时清理排水管道,保持排水畅通。

(9)遇到危险时,请拨打当地政府的防灾电话求救。

50.台风期间的防范措施有哪些?

(1)台风期间,尽量不要外出行走,倘若不得不外出时,应弯腰将身体紧缩成一团,一定要穿上轻便防水的鞋子和颜色鲜艳、紧身合体的衣裤,把衣服扣扣好或用带子扎紧,以减少受风面积,并且要穿好雨衣,戴好雨帽,系紧帽带,或者戴上头盔。行走时,应一步一步地慢慢走稳,顺风时绝对不能跑,否则就会停不下来,甚至有被刮走的危险;要尽可能抓住墙角、栅栏、柱子或其他稳固的固定物行走;在建筑物密集的街道行走时,要特别注意落下物或飞来物,以免砸伤;走到拐弯处,要停下来观察一下再走,贸然行走很可能被刮起的飞来物击伤;经过狭窄的桥或高处时,最好伏下身爬行,否则极易被刮倒或落水。如果台风期间夹着暴雨,要注意路上水深。

(2)强台风过后不久,一定要在房子里或原先的藏身处原地不动。因为台风的"风眼"在上空掠过后,地面会风平浪静一段时间,但绝不能以为风暴已经结束。通常,这种平静持续不到1个小时,风就会从相反的方向以雷霆万钧之势再度横扫过来,如果你是在户外躲避,那么此时就要转移到原来避风地的对侧。

51.台风中的自救互救要领有哪些?

(1)得知飓风将临的消息后,准备好收音机、手电筒,穿耐磨的鞋子,多穿几件衣服,最好戴帽子或用毯子、外套把自己盖起来。

(2)把房子附近的物品收好,以免刮风时它们成为投射物。

(3)从事户外工作的人应立即停止工作,并火速寻找避难场所。

(4)驾车人要暂时停驶,离开汽车,到坚固场所避险。

(5)在室内的人应躲进地下室或一楼中间的房间里。

(6)不要躲在类似浴室这样到处是易碎玻璃的房间。

52.风灾中身处拥挤混乱的人群中该如何逃生?

专家提示:灾害中遭遇混乱往往更危险。

(1)做深呼吸,用两只胳膊和肩膀、背部顶住压力。

(2)将胳膊放在胸前,有孩子也要这样保护。

(3)将两只脚一齐跳离地面,以免被踩住。

(4)不管朝哪个方向,要不断地移动。

(5)将双手交叉放在胸前,不要将手放在兜里。

53.大风时遇到船难如何逃生?

(1)平时在乘船时提前了解和掌握船难救生的操作要求。在船员的指挥下,穿上救生衣,按先老弱病残和妇女的顺序到救生船上,避免混乱时的意外事故。

(2)合适的跳水时机是既不被别人跳下时砸到,也不要砸到别人。

(3)合适的跳水地点是船的上风舷,即迎着风向跳,以免下水后遭随风漂移的船只的撞击。当船左右倾斜时,应从船首和船尾跳下。

(4)跳水前后要注意寻找漂浮物,跳水时尽量靠近漂浮物,靠它逃生。

(5)跳水后,尽量离船远一些,以免船沉时被吸入海底。

54.风暴潮来临怎么办?

(1)温带风暴潮主要发生在早春、晚秋及冬季;热带风暴潮主要发生在7~12月,尤以8、9月份为甚。

(2)风暴潮来临时,沿海附近的人员应迅速撤离港口、海堤,向高处转移。

(3)停止一切海上生产作业及活动。风暴潮引发洪水时,应立即撤离,不要死守家园,留恋财物。

55.风暴来临前应该如何加固门窗?

专家提示:窗户及门是最易被大风损坏的地方,保护好门窗就可以减少损失。

(1)听到警报后,用木板从外面将窗户封住。屋门及车库应在上下两端处加固。

(2)如需出外躲避,就从外面加固;若留在屋内,就在屋里加固。

(3)门窗的玻璃用纸条或胶带贴成米字,缝隙处也要完全封死。

（4）在拉门或塑钢窗的滑道里放一个楔子，防止门在暴风雨中滑开。

（5）锁上通向阁楼的门窗，并用东西堵住，阻止大风刮进。

（6）玻璃破碎时，犹如刀一样的锋利，应避免玻璃在风中破碎。

56.风暴中行车怎样保证安全?

（1）保持低速行驶，是最安全的办法，不要与急于赶路的行人抢行。

（2）车辆停放在地势较高、空旷的地方，在入停车场时，要了解车库排水设施是否完善，以免被水淹没。车辆不要停留在广告牌、临时建筑和枯树下。

（3）台风季节，汽车上高速公路时，特别注意从车辆侧面刮来的风，车速过快，容易翻车。

（4）当车辆要穿越积水较深的路面时，不要猛加油门，因为一不知路面积水情况，水下是否有障碍，二刹车片浸在水中，会影响制动效果。

（5）台风期间尽量不要驾车外出，不得已在外驾车应减速慢行，保持与前方车辆的距离。行驶中遇强风侵袭，应停于路边，不可强行驾驶。

57.风暴中遭遇雷电怎么办?

所有风暴都会产生雷电，如果你听见打雷，那么风暴离你可能不远了。

(1)避免站在最高的物体附近或使自己成为最高的物体。

(2)如果在户外,尽快转移到房子里或汽车里,并关好窗户。

(3)不要骑自行车或摩托车,不要站在高大孤单的树下。

(4)和其他人一起避难时,彼此间要保持一定的距离。

(5)在空旷的地方不要卧倒,可就地蹲下,两脚并拢两手抱膝,胸口紧贴膝盖,尽量低下头以降低身体高度。

(6)不要接触电线、金属、水等导电体。避免使用各种家用电器。

58.发现电力设备受损怎么办?

(1)电力设施受损的现场隔离范围应离开断线处8～10m。

(2)如果看到裸露的电线或电火花,或闻到焦糊的气味,立即关闭主电路上的电闸,并向电工咨询。

(3)当发现户外高压线路倾斜或短路出现火花时,应立即拨打电话将事故地点报告电力部门。还要在附近竖立明显的标志牌,以免他人进入触电。

(4)外出时发现有线路断裂,应一面拨打抢修电话,一面提醒路人及时避开。

(5)驾车出行时,如果电线掉在你的车前,不能下车,要绕开并继续往前开,直到离开电线为止。

59.在家中如何防止沙尘暴侵害?

(1)关闭好门窗,并将门窗的缝隙用胶带封好。外出回家后,将灰尘抖落干净,落下的灰尘及时擦拭。

(2)老人、孩子及病人要尽量待在家里,不要外出。

(3)屋里能见度低时,应及时照明,以免发生碰撞事故。

(4)准备好口罩、风镜等防尘物品,外出戴口罩,用纱巾蒙住头,以免沙尘侵入眼睛和呼吸道。

(5)妥善安置易受沙尘损坏的室外物品。

60.沙尘暴来临时外出应如何防护?

(1)沙尘暴对人的危害很大,外出前,戴好防护眼镜及口罩,或用纱巾罩在面部,并将衣领和袖口系好。

(2)行走在马路上要注意观察交通情况。能见度低时,骑车者应下车推行。

(3)远离危房、危墙、护栏、广告牌匾及高大树木。尽量避开各类施工工地。

(4)避免发生因能见度低而引发的各类事故。

(5)不要戴深色的墨镜。

61.在野外如何躲避沙尘暴?

不要走远、跑动,不要在低洼处躲避,一场沙尘暴可以堆积起数尺沙尘。

(1)尽快就近蹲在背风沙的矮墙处,或趴在相对高坡的背风处,用手抓住牢固的物体。

(2)用衣服蒙住头部,平神屏气,减少肺部吸进沙尘,避免风沙侵入身体。

(3)不要贸然行走以免在沙幕墙中迷路。也不要在沟渠中行走以免被吹落水中。

62. 沙尘天气驾车应采取哪些应急措施?

(1)检测视线中有无盲点如发现盲点应在汇入车流时预留保险的距离。

(2)清洗车窗,擦拭车灯、反光镜,保持雨刷清洁。如果雨刷坏了,土豆片和洋葱可以救急。

(3)风挡玻璃被飞沙走石打破形成细纹遮挡视线时,应全部打破。

(4)车后灯破损,可涂抹一层口红或贴一层红纸,以使红灯依旧起作用;倒车灯损坏,可用后面的闪光灯照在关键的一面。

(5)不要太靠近前面的汽车,沙尘中视程有限,制动距离较平时长。

(6)不要在盲点严重的情况下开车。

63. 沙尘暴可能诱发哪些疾病?

专家提示:皮肤、眼、鼻、喉和肺是最先接触沙尘的部位,受害最重。而直径在 $0.5 \sim 3 \mu m$ 的飘尘和沙粒对人体健康危害最大。

(1)长期吸入灰尘,会在肺内逐渐沉积,产生弥漫性纤维组织增生,到一定程度上出现尘肺;浮尘还会在肺部器官中沉积,造成支气管堵塞,出现哮喘。

（2）肺泡发炎，使血液变得黏稠，危及心血管。

（3）通过空气传染朝鲜出血热等传染性疾病，患者肺部往往因迅速积水而出现生命危险。

（4）传染过敏性疾病及其他流行病，如受烃类化合物侵害的癌症等。

64.大风造成眼里异物如何处理？

迷眼是风灾中最常见的身体损害现象。异物进入眼睛会引起流泪，这时可以用手指捏住眼皮，轻轻拉动，使泪水进入有异物的地方，将异物冲出；也可用眼药水冲洗。

可以请人用食指和拇指捏住眼皮的外缘，轻轻向外拉翻，找到异物后用嘴轻轻吹出，或用干净的手帕轻轻擦掉异物。翻动眼皮前，要注意将手洗干净。

如果眼中的异物已嵌入角膜，或者发现别的异常情况，千万不要随意处理，必须到医院请医生处置。

不要使劲揉搓，这样易使异物划到角膜甚至眼球。

65.城市地形"狭管效应"有什么危害？

城市中高楼林立是"狭管效应"的根本原因，高层建筑林立的繁华商业区是人造"风口"，气流紊乱，风力倍增，且人员密集，容易造成人员伤亡。繁华商业区中，广告及标识物牌匾密集，易被大风吹落，大风中尽量不要行车及在"狭管效应"区内行走，这样容易给人带来意外事故。

66.遭遇森林大火时如何自救?

在森林中一旦遭遇火灾,应当尽力保持镇静,就地取材,尽快做好自我防护,可以采取以下防护措施和逃生技能,以求安全迅速逃生:

(1)在森林火灾中对人身造成的伤害主要来自高温、浓烟和一氧化碳,容易造成中暑、烧伤、窒息或中毒,尤其是一氧化碳具有潜伏性,会降低人的精神敏锐性,中毒后不容易被察觉。因此,一旦发现自己身处森林着火区域,应当使用沾湿的毛巾遮住口鼻,附近有水的话最好把身上的衣服浸湿,这样就多了一层保护。然后要判明火势大小、火苗延烧的方向,应当逆风逃生,切不可顺风逃生。

(2)在森林中遭遇火灾一定要密切关注风向的变化,因为这说明了大火的蔓延方向,也决定了你逃生的方向是否正确。实践表明现场刮起5级以上的大风,火灾就会失控。如果突然感觉到无风的时候更不能麻痹大意,这时往往意味着风向将会发生变化或者逆转,一旦逃避不及,容易造成伤亡。

(3)当烟尘袭来时,用湿毛巾或衣服捂住口鼻迅速躲避。躲避不及时,应选在附近没有可燃物的平地卧地避烟。切切不可选择低洼地或坑、洞,因为低洼地和坑、洞容易沉积烟尘。

(4)如果被大火包围在半山腰时,要快速向山下跑,切忌往山上跑,通常火势向上蔓延的速度要比人跑得快的多,火头会跑到你的前面。

（5）一旦大火扑来的时候，如果你处在下风向，要做决死的拼搏果断地迎风对火突破包围圈。切忌顺风撤离。如果时间允许可以主动点火烧掉周围的可燃物，当烧出一片空地后，迅速进入空地卧倒避烟。

（6）顺利地脱离火灾现场之后，还要注意在灾害现场附近休息的时候要防范蚊虫或者蛇、野兽、毒蜂的侵袭。集体或者结伴出游的朋友应当相互查看一下大家是否都在，如果有掉队的应当及时向当地灭火救灾人员求援。

67.燃气起火后，先灭火还是先关阀门？

液化气钢瓶一旦着火，可以根据现场情况，采取不同的处置措施：

（1）在液化气钢瓶阀门完好的情况下，首选是关阀，阀门关了火就灭了。网上流传的"先灭火、后关阀，否则会回火导致爆炸"的情况，在液化气钢瓶着火时是不会发生的。液化气钢瓶瓶体和瓶口较小，相对来说压力较小，不会产生压力差，而且液化气钢瓶里面的压力比外界大。

（2）如果着火的液化气钢瓶的阀门损坏，可以不灭火，先把液化气钢瓶拎到空旷地带站立放置，再用水冷却瓶身，等待液化气燃烧完毕即可；烧着的液化气钢瓶如果在居民家中无法转移，可以先灭火，再用湿抹布等物品堵住瓶口，并送至专业的液化气站进行处置。

（3）如果液化气钢瓶横向倒地燃烧，钢瓶容易被火焰加热，到达一定温度后，瓶内的液化气受热膨胀，瓶体容易发生物理爆炸。再次提醒，在无法预判和无处置能力的情况下，要第一时间拨打119报警电话，等待消防员到场处置，不要让燃烧的瓶体倒地。

只有在燃气管道着火时，如果快速关阀，会导致管道里压力快速下降，管道外面的压力比里面的压力大，才会把火压到管道里去造成回火。消防员在处置燃气管道着火时，首先会慢慢把管道阀门关到最小状态，把火焰降到最小后，再关阀灭火。这样是为了防止回火。

68.家居大楼发生火灾怎么逃生？

火灾初起，首先要镇静，充分利用建筑物内的消防设施将火灾扑灭。要迅速找到着火的部位，若是初起火灾，要设法扑救。一般情况，组织扑救火灾仅限于5分钟以内。5分钟后还不能灭火，就要立即撤退或自救逃生，尽快设法打119火警电话报警。

（1）首先必须对建筑物内的消防设施有所了解，看有无紧急通道和安全楼梯，若有而且畅通，那你的生命就有了安全保险系数。

特别注意：最重要的是，一定要找对楼梯的方向。把一层楼看成是一个平行四方形，对角线的一端着火了，要找到对角线另一端的消防楼梯逃离！

（2）若无紧急通道和安全楼梯，就必须利用一般的楼梯逃生。当火灾初始还未堵住楼道、走廊时，可将被子、毛毯、褥子用水淋湿裹住身体,用湿毛巾捂住口鼻,低下身子冲出受困区。

特别注意:千万不要乘坐电梯,以免断电困在电梯内不能脱身,这时候电梯就变成了"电烤箱"了!

(3)在下层未着火时向下逃生,若着火,要注意烟气的毒害作用。行动中身体要贴近地面空气层,基于此,匍匐前进是火灾逃生的最佳姿势。在下层空气层中行进,不会被烟气所毒害。人若匍匐前进,获救的概率也会大大增加。

特别注意:液化石油气或城市煤气着火时,不应采用匍匐前进的方式!

避险要点:逃生一般不宜向上,因为烟是往上的,它的速度是3～4m/s,强大的烟囱效应会使人昏厥甚至死亡。当大火发生的时候你不知道这个火能烧多长时间,你也不知道这个烟能进入你这个大楼的哪个房间哪个角落。所以我们只有选择往下,出去才是最安全的。当然,如果火和烟雾已封锁向下逃生的通道,应尽快往楼顶平台逃生;选择好逃生的方向后,千万不要忘记准备一条湿毛巾。

69.高楼发生火灾怎么办?

高层建筑楼层高、楼道狭窄,发生火灾不容易逃生,救援困难,而且常因人员拥挤阻塞通道,造成伤亡惨剧。

(1)首先要迅速穿好衣裤,防止皮肤裸露,以免被火烧伤或高温烟气灼伤。

(2)进入房间关好门窗,用湿毛巾被和棉被塞好门缝并打开室内的水龙头放水,并向门窗泼水,以免门窗着火,争取时间等待救援人员的到来。

(3)如果火焰已窜入你的房间,首先用湿毛巾捂住口鼻,迅速进入阳台,并向周围呼救。观察消防救援人员是否到来,白天可以向窗外晃动鲜艳衣物,夜晚可以用手电筒等在窗口闪动或者敲击窗栏,发出求救信号。

特别注意:尽量不要选择跳楼跳窗(尤其在三楼及以上楼层),危害可能更严重。万不得已要跳也有技巧:跳前尽量将一些棉被、沙发垫之类软物品先抛下,并找有人接应处跳下,如果无人接应,应尽量选择石棉瓦的车棚、水池、树木,徒手跳下时应双手抱紧头部,身体弯曲,蜷成一团,以便触地时利用滚动释放冲击力,减少身体伤害!

(4)最好找到绳索或撕开床单连接成绳,牢牢地拴在室内的桌脚、床架和上下水道管牢固物体上,向下层的阳台、窗口滑落。一般住宅建筑的雨漏管多设在阳台和窗口之间,铁质水管比较坚固,可以顺管道滑到安全处,但决不能利用塑料或薄铁皮制成的雨漏管下滑。

(5)在高层建筑内都有按规定配备的室内消火栓和固定灭火设施,在火势扩大时,应尽量打开消火栓等,让水流出来,这样也可以延缓火势蔓延的速度。

在可能的情况下,逃生时一边跑一边敲门通知其他人逃生。如果有警铃开关,应立刻按动警铃报警。

70.家用电器发生短路失火时怎么办?

使用电器,要有防火意识。家用电器发生短路有一个过程,当家里散发像燃烧橡胶或塑料的气味时,应该立即全巡查,排除隐患;发现电视机或电脑冒出白烟时,第一时间关闭电源总闸。特别注意:不要用手直接拔除沾水的电器(热水器、洗衣机、电饭锅等)插头,以防触电!

切断电器电源后,机内的元件仍然很热,可以着火、迸出烈焰及产生毒气,荧光屏显像管也可能爆炸,这时应该用灭火毯或湿地毯、湿毛巾等盖住电器,阻绝空气流通,扑灭火苗,挡住显像管、荧光屏爆炸的玻璃碎片。已经覆盖灭火毯的电器,切勿随意揭起查看,人在远处观察即可。

家用电器一旦有明火,切勿向失火电器泼水,因为电视机或电脑内仍有剩余电流,泼水可能引起触电。要用超细干粉灭火剂喷在着火点上。

如果自己无法控制火势,应立即拨119报警。

避险要点:有很多人看完电视之后用遥控器把电视机一关就睡觉了,或用遥控器把电视机一关就上班或出门做其他事情。这是不好的习惯!因为你实际上关掉的只是显像管的高压电源,其他部分还在正常工作、正常播放,只是你看不到图像了而已。家用电器在使用上有严格的要求,所有家用电器都应避免长时间工作:电视机不能超过5h,电风扇、VCD不能超过8h,电脑不要超过12h。如果确定要用超过了怎么办?关掉电源,自然冷却15分钟以上再使用。各类电器包括电热杯、电水壶用后务必切断电源。电热杯、电水壶插上电源后，跟前不能离人，如果使用中突然停电，一定要及时拔下电源插头，否则水煮沸后溢出，最容易造成短路。一旦插头被弄湿，要待擦干后再用。还有，各种充电器充电过久或者充完电继续在插座上插着，也是火灾隐患，因此要养成充完电拔掉插头的好习惯。

71.在人员密集场所发生火灾怎么办?

体育场馆、超市、酒店、影剧院、网吧、歌舞厅等人员密集场所一旦发生火灾，常因人员慌乱、拥挤而阻塞通道，发生互相踩踏的惨剧，或由于逃生方法不当，造成人员伤亡。

应急要点:

(1)尽量不去安全条件较差、人员较多的场所。进入各类人员密集场所，应首先了解应急疏散通道的位置。

(2)发生火灾后，不要惊慌失措、盲目乱跑，应按照疏散指示标志有序逃生，切忌乘坐电梯。发生火灾后，应按照应急照明指示设施所指引的方向，迅速选择人流量较少的疏散通道撤离。

(3)穿过浓烟时，要用湿毛巾、手帕、衣物等捂住口鼻，尽量使身体贴近地面，弯腰或匍匐前进，不要大声呼喊，以免吸入有毒气体。

(4)利用自制绳索、牢固的落水管、避雷网等可利用的条件逃生。疏散时，人员要尽量靠近承重墙或承重构件部位行走，以防

应急避险篇

被坠物砸伤。特别是在观众厅发生火灾时,人员不要在剧场中央停留。

(5)当无法逃生时,应退至阳台或屋顶等安全区域,发出呼救信号等待救援。

(6)逃生时应随手关闭身后房门,防止浓烟尾随进入。

72. 在地下建筑内发生火灾怎么办?

地下建筑通道少且窄,周围密封,空气对流差,浓烟和高温不易散失,火灾扑灭更为困难。一旦发生火灾,该如何逃生?

要有危机意识和逃生意识,因为地下建筑发生火灾,人们会更为紧张,逃生心情更为急迫,但往往又失去平常的冷静,以致不知消防通道或安全出口的位置,疏散时辨不清方向,结果慌不择路,不顾后果,致使失去有利的逃生机会。因此,凡进入地下建筑的人员,一定要对其设施和结构布局进行观察,记住疏散通道和安全出口的位置。

尽快关闭防火门,以防止火势蔓延或封闭窒息火灾,把初起之火控制在最小范围内,初起火灾应采取一切措施将其扑灭。

如果短时间灭不了火,要选择逃生,尽量低姿前进,不要做深呼吸,在可能的情况下,要用湿衣服或毛巾捂住口和鼻子,防止烟雾进入呼吸道。采用自救和互救手段迅速逃生到地面、避难间、防烟室及其他安全区。

万一疏散通道被大火阻断,应尽量想办法延长生存时间,等待消防队员前来救援。

73.火灾中烟雾笼罩怎么办?

大量的火灾安全事件表明:火灾中80%以上的人员伤亡不是直接与燃烧物接触所致,而主要是由于窒息或吸入有毒烟雾致死。因此,烟雾可以说是火灾第一杀手,如何防烟是逃生自救的关键。

避免吸入烟雾,逃离火场。当楼梯间或是走廊内只有烟雾,而没有明火封锁时,最基本的方法是,将脸尽量靠近墙壁和地面,因为此处有少量的空气层。避难姿势是将身体卧倒,使手和膝盖贴近地板,用手支撑,沿着墙壁移动,从而逃离现场。用浸湿的毛巾和手帕捂住嘴和鼻子或将衬衣浸湿蒙住脸,也能避免吸入烟雾,脱离危险区。

阻止烟雾侵入自己周围。如果因楼梯和走廊中烟雾弥漫、被火封锁而不能逃离时,首先要关闭通向楼道的门窗。①易燃烧的物体统统弄湿;②如果有地毯,把靠近房门处的地毯卷起来;③靠近窗口的家具、沙发、台灯以及窗帘等也要掀开或扯下,以防止辐射热通过窗口传入屋内烤燃这些物品;④把自己的全身弄湿,并用湿毛巾捂住嘴和鼻子,还要保护好自己的眼睛;⑤打开朝室外开的窗户,利用阳台和建筑的外部结构避难。或将上半身伸出窗外,避开烟雾,呼吸新鲜空气,等待救援。

74.乘坐地铁列车时发生火灾怎么办?

火灾发生时在列车上:①按动地铁车厢的紧急报警装置及时报告;②利用车厢内的灭火器进行扑火自救;③如果火势蔓延,

乘客应先行疏散到安全车厢；④如果列车无法运行，需要在隧道内疏散乘客，此时乘客要在司机的指引下，有序通过车头或车尾疏散门进入隧道，或通过打开的疏散平台往临近车站撤离。特别注意：地铁的隧道很窄，灾难发生时若逃到对面方向的铁道上，可能会被驶来的车辆撞上。而且有些铁道有高压电通过，沿着铁道逃生有触电的危险；⑤在有浓烟的情况下，捂住口鼻贴近地面逃离。

避险要点：①乘客切勿有拉门、砸窗跳等危险行为；②不要因为顾及贵重物品，而浪费宝贵的逃生时间；③要注意朝明亮处，迎着新鲜空气方向跑；④遇火灾不可乘坐车站的电梯或扶梯；⑤塑料袋可在浓烟尚未扩散时装满空气，以备逃生时呼吸用。

火灾发生时在车站内：①利用车站站台墙上的"火警搬运报警器"或直接报告地铁车站工作人员；②在有浓烟的情况下，捂住口鼻贴近地面逃离；③逃生时应采取低姿势前进，但不可匍匐前行，以免贻误逃生时机。特别注意：不要做深呼吸，以免吸入更多的烟气和毒气！

75.在公共汽车上发生火灾怎么办?

(1) 应该在第一时间通知司机，司机迅速把车辆停靠在路边较为宽阔的地段，立即开启所有车门，然后取出携带的灭火器材进行扑救。乘客迅速从就近的车门下车。

(2) 如果车门线路被烧坏，门已无法打开，乘客应用手动方式拉紧制动阀打开车门；如果还是打不开车门，乘客要用安全锤、手里的硬物如手机、高跟鞋鞋跟等敲碎就近的玻璃窗,从车窗翻下车。

特别注意:要用安全锤的锤尖或硬物,猛击靠近玻璃窗四周的玻璃,当玻璃被砸出一个小洞时,玻璃就会从被敲击点向四周开裂,像蜘蛛网一样。乘客这时需抓住车内扶手支撑身体,并用脚掌用力将碎开的玻璃踹出车外,然后跳窗逃生!

(3)如果火焰小,乘客可用随身衣物蒙住头部冲下车。如果乘客的衣物被引燃,应迅速脱下衣服,用脚踩灭火焰或就地打滚,或用其他衣物捂住着火部位,切忌带火奔跑,使火势变大。

特别注意:如果发现他人身上的衣服着火时,可以脱下自己的衣服或其他布物,将他人身上的火扑灭或捂灭,或用灭火器向着火人身上喷射!

(4)下车后迅速离开燃烧的车辆逃生,并迅速报警。大家千万不要拥挤,也不要急着冲出车外。因为万一车外有其他车经过,容易造成二次伤害。

特别注意:起火后车内大量冒烟,这时切忌返回车内取东西,因为烟雾中有大量毒气,吸入一口也可能致命。

76.如何使用灭火器材?

(1)消火栓

构造:消火栓设备通常装置在具有玻璃门的专用箱内,由水枪、水带和消火栓三部分组成。

使用方法:消火栓使用时需要二人以上进行操作,一人将水带铺开(采用滚动),接好水枪头,另一人将水带与消火栓水阀进行连接,并开启水阀。

使用注意事项:①当开启水阀时,水带将产生较大的力,应防止水带滑落伤人;②当水带注满水后,应防止重物压水带爆裂;③在铺开水带时,应防止水带打结;④使用后的水带应及时晒干及卷好放入消火栓内。

(2)干粉灭火器

构造:手提式干粉灭火器有内装式、外置式和贮压式三种结构,现以内装式为主,一般由筒体、筒盖、贮气钢瓶、喷射系统和开启机构等部件构成。

酸碱氢钠干粉灭火器适用于易燃、可燃液体以及气体及带电设备的初起火灾;磷酸铵盐干粉灭火器除可用于以上几类火灾外,还可扑救固体类物质的初期火灾,但都不能扑救金属燃烧火灾。

使用方法:灭火时,可手提或者肩扛灭火器迅速奔赴火场,在距燃烧处5m左右,放下灭火器。如在室外,应选择在上风方向喷射。使用的干粉灭火器若是外挂式储压式的,操作者应一手紧握喷枪、另一手提起储气瓶上的开启提环。如果储气瓶的开启是手轮式的,则向逆时针方向旋开,并旋至最高位置,随即提起灭火器。当干粉喷出后,迅速对准火焰的根部扫射。使用的干粉灭火器如果是内置式储气瓶的或是储压式的,操作者应先拔下开启把上的保险销,然后握住喷射软管前段喷射嘴部,另一只手将开启压把压下,打开灭火器进行灭火。有喷射软管的灭火器或者储压式灭火器在使用时,一手应始终压下压把,不能将其放开,否则会中断喷射。

(3) 二氧化碳灭火器

构造：手提式二氧化碳灭火器由钢瓶、瓶头阀和喷射系统组成。

使用方法：手提式二氧化碳灭火器使用时，可手提灭火器的提把，或把灭火器扛在肩上，迅速赶到火场。在距起火点大约5m处，放下灭火器，一只手握住喇叭形喷筒根部的手柄，把喷筒对准火焰，另一只手或者旋开手轮，或者压下压把，二氧化碳就喷射出来。

灭火注意事项：①灭火时应注意在密闭的空间内要采取防止人员窒息的措施；②灭火时应处于上风方向喷射。

77. 如何保护家庭电路设施，消除火灾隐患？

(1) 停电后应注意的问题：①停电时家庭使用蜡烛等明火应急照明时，要远离窗帘、纸张等可燃物品，应将蜡烛放在非燃烧物体上，同时必须有人看管，做到人离开或睡觉将火熄灭。②要将电熨斗、电吹风、电热毯等电热器具的电源插头及时拔掉，防止来电后这些电器烤燃周围可燃物。

(2) 保证家庭线路安全措施：①导线耐压等级应高于线路工作电压，截面的安全电流应大于负荷电流。②线路应避开热源，如必须通过时，应做隔热处理。③线路敷设用的金属器件应做防腐处理。④各种明布线应水平和垂直敷设。导线水平敷设。导线水平敷设时距地面不小于2.3m，垂直敷设时不小于1.8m，否则需加保护。⑤导线穿墙应装过墙管，两端伸出墙面不小于10mm。

(3) 防止电线绝缘层损坏措施：①通过电线的电流不应超过电

线的安全载流量。②不要使电线受潮、受热、受腐蚀或碰伤、压伤，尽可能不让电线通过温度高、湿度大、有腐蚀性蒸气和气体的场所，电线通过容易损伤的地方要有妥善保护措施。③定期检查维修线路，有缺陷要立即修好，陈旧老化的电线必须及时更换。

78.家庭预防电视机起火措施有哪些?

(1)电视机安放在干燥通风地点，周围切忌与窗帘、书籍、纸张等易燃物相邻。长期不用的电视机隔一段时间要通电除潮。

(2)电视机不要靠近热源，要远离暖气、火墙；电视机后盖透气口不要阻塞，应保持良好的散热条件，一般收看3～5h应停机散热，长期过热运行会使元件加速老化而产生其他故障。

(3)电视机在运行中的高压静电会吸附微小灰尘，灰尘达到一定厚度不但散热不良，而且对电视机有一定威胁。因此收看电视后要及时罩好，不让灰尘侵入。要坚持定期除尘，防止机内灰尘过多。

(4)电视关机后不要忘记拔下电源插头，要彻底断电。接收天线没有避雷装置时或雷雨天最好不收看电视。如发现电视机有异常气味或声响、冒烟、图像不正常，要及时关机，避免故障范围扩大。

79.如何预防空调器失火?

(1)安装空调器的最佳方向是北面，其次是东面。空调器不要安装在外房门的上方，因为开门时会加速热空气流入。空调器可对着门安装,这样室内的空气可抵抗室外热空气流入。

(2)空调器安装的高度、方向、位置必须有利于空气循环和散热,并注意与窗帘等可燃物保持一定的距离。空调器运行时,应避免与其他物品靠得太近。

(3)突然停电时应将电源插头拔下,通电后稍等几分钟再接通电源。空调器必须使用专门的电源插座和线路,不能与照明或其他家用电器合用电源线。导线载流量和电度表容量要足够,插头与电器元件接触要紧密。

(4)空调器要安装一次性熔断保护器,防止电容器击穿后引起温度上升而造成火灾。保险丝要合适,切不可用铁丝、铜丝代替。

(5)空调器应定时保养,定时清洗冷凝器、蒸发器、过滤网、换热器、擦除灰尘,防止散热器堵塞,避免火灾隐患。

(6)空调器应安装保护装置,万一发生故障,熔断器可切断电源。

(7)空调器必须采取接地或接零保护,热态绝缘电阻不低于 $2M\Omega$ 才能使用,对全封闭压缩机的密封接线座应经过耐压和绝缘试验,以防止其外溢的冷冻轴起火。

(8)空调器周围不得堆放易燃物品,窗帘不能搭在窗式空调器上。

80.电脑起火怎么办?

(1)当发现电脑开始冒烟或着火时不要惊慌,应立即关机并切断总电源,使用干粉或二氧化碳灭火器扑救,或用湿毛毯或棉被等厚物品将电脑盖住,这样既能防止毒烟蔓延,也能在发生爆炸时挡住荧光屏玻璃碎片伤人。

(2)切记不要向着火的电脑泼水，或使用任何含水性质的灭火设备灭火，即使已关机的电脑也避免使用上述方法灭火。因为温度骤降，会使炽热的显像管爆裂。此外，电脑内仍有剩余电流，泼水则可引起灭火人员触电。

(3)切记不要在极短的时间内揭起覆盖物观看，即使想看一下熄灭情况，也只能从侧面或后面接近电脑，以防显像管爆炸伤人。

81.初期灭火的基本方法有哪些？

灭火的基本方法，就是依据起火物质燃烧的状态和方式，为破坏燃烧必须具备的基本条件而采取的一些措施。具体有下列4种方法：

(1)冷却灭火法。冷却灭火法就是把灭火剂直接喷洒在可燃物上，使可燃物的温度降低到自燃点以下，从而使燃烧停止。用水扑救火灾，其主要作用就是冷却灭火。一般物质起火，可以用水来冷却灭火。

火场上，除用冷却法直接灭火外，还经常使用冷却尚未燃烧的可燃物质，避免其达到自燃点而着火；还可用水冷却建筑构件、生产装置或者容器等，以防止其受热变形或爆炸。

(2)隔离灭火法。隔离灭火法即将燃烧物和附近可燃物隔离或者疏散开，从而使燃烧停止。这种方法适用于扑救各种固体、液体以及气体火灾。

采取隔离灭火的具体措施很多。例如，把火源附近的易燃易爆物质转移到安全地点；关闭设备或管道上的阀门，阻止可燃气体、液体流入燃烧区；排除生产装置及容器内的可燃气体、液体；阻拦、疏散可燃液体或者扩散的可燃气体；拆除同火源相毗连的建筑结构，造成阻止火势蔓延的空间地带等。

(3)窒息灭火法。窒息灭火法即采取适当的措施，阻止空气进入燃烧区，或借助惰性气体稀释空气中的氧含量，使燃烧物质缺乏或者断绝氧气而熄灭。这种方法适用于扑救封闭式的空间、生产设备装置及容器内的火灾。

火场上运用窒息法扑救火灾时，可采用石棉被、湿麻袋、湿棉被、沙土以及泡沫等不燃或难燃材料覆盖燃烧物或封闭孔洞；用水蒸气及惰性气体(如二氧化碳、氮气等)充入燃烧区域；借助建筑物上原有的门窗以及生产储运设备上的部件来封闭燃烧区，阻止空气进入。此外，在无法采取其他扑救方法而条件又允许的情况下，可以采用水淹没(灌注)的方法进行扑救。

(4)抵制灭火法。抵制灭火法是把化学灭火剂喷入燃烧区参与燃烧反应，终止链反应而使燃烧反应停止。采用这种方法可以使用的灭火剂有干粉和卤代烷灭火剂。灭火时，将足够数量的灭火剂准确地喷射到燃烧区内，使灭火剂阻断燃烧反应，同时还要采取必要的冷却降温措施，以避免复燃。

82.发生火灾人员如何安全疏散?

(1)稳定情绪，维护现场秩序。火灾时，在场人员有烟气中毒、窒息以及被热辐射、热气流烧伤的危险。所以，发生火灾后，首先要了解火场有无被困人员及被困地点和抢救的通道，以便于安全疏散。必须坚定自救意识，不惊慌失措，冷静观察，采取可行的措施进行疏散自救。

(2)能见度差，有序撤离。疏散时，比如人员较多或能见度很差时，应在熟悉疏散通道的人员带领下，按一定顺序撤离起火点。带领人可用绳子牵领，以"跟着我"的喊话或者前后扯着衣襟的方法将人员撤至室外或者安全地点。

(3)烟雾较浓，做好防护，低姿撤离。如果在撤离火场途中被浓烟所围困时，由于烟雾一般是向上流动，地面上的烟雾相对来说比较稀薄，所以可采取低姿势行走通过浓烟区的方法，若有条件，可用湿毛巾等捂住嘴、鼻，或用短呼吸法，用鼻子呼吸，以便于迅速撤出浓烟区。

(4)楼房着火，不盲目跳楼。楼房的下层着火时，楼上的人不要惊慌失措施，应依据现场的不同情况采取正确的自救措施。若楼梯间只是充满烟雾，则可采取低姿势手扶栏杆迅速而下；若楼梯已被烟火堵住但未坍塌，还有可能冲得出去时，则可向头部、上身淋些水，用浸湿的棉被、毯子等物披围在身上从烟火中冲过去；若楼梯已被烧断、通道已被堵死，可利用屋顶上的老虎窗、阳台以及落水管等处逃生，或者在固定的物体(如窗框、水管)上，也可将被单、窗帘撕成条连接起来，然后手拉绳缓缓而下；如果上述措施行不通，则应退回室内，将通向火区的门窗关闭，还可向门窗上浇水，延缓火势蔓延，并向窗外伸出衣物或者抛出小物件发出求救信号或呼喊引起楼外人员注意,设法求救。在火势猛烈时间来不及的情况下,若被困在二楼要跳楼时,可先往楼外地面上抛掷一些棉被等物,或者由地面人员在地上垫席梦思等软垫,以增加缓冲,然后手拉着窗台或阳台往下滑,这样可使双脚先着地,又可以缩小高度。如果被困于三楼以上,则不能盲目跳楼,可转移到其他较安全地点,耐心等待救援。

(5)自身着火,迅速扑打,不能奔跑。一旦衣帽着火,应尽快地脱掉衣帽,如来不及,可把衣服撕碎扔掉,切不能奔跑,那样会使身上的火越烧越旺,还会将火种带到其他场所,引发新的火点。身上着火,着火人也可就地倒下打滚,压灭身上的火焰;在场的其他人员也可以用湿麻袋、毯子等物把着火人包裹起来以窒息火焰;或向着火人身上浇水,帮助受害者将烧着的衣服撕下;或跳入附近池塘、小河中熄掉身上的火。

(6)保护疏散人员的安全,避免再入火口。火场上脱离险境的人员,往往因某种心理原因的驱使,不顾一切,想重新回到原处达到抢救或施救的目的。若自己的亲人还被围困在房间里,急于救出亲人;怕珍贵的财物被烧,急切地想抢救出来等。这不仅会使他们重新陷入危险境地,而且给火场扑救工作带来困难。因此,火场指挥人员应组织人安排好这些脱险人员、做好安慰工作,以确保他们的安全。

83.乘车时遭遇交通事故怎么办?

要保持头脑清醒,镇定不慌。

（1）如果你能在撞击前的短暂时间内发现险情，就应迅速握紧扶手、椅背，同时两腿微弯用力向前蹬地。这样，可减缓身体向前的冲击速度，从而降低受伤害的程度。

（2）如果车辆侧翻在路沟、山崖边上，应判断车辆是否还会继续往下翻滚。在不能判明的情况下，应让靠近悬崖外侧的人先下，从外到里依次离开。

（3）如果车辆向深沟翻滚，所有人员应迅速趴在座椅上，抓住车内的固定物，让身体夹在座椅中，稳住身体，随车体旋转，避免身体在车内滚动而受伤。

（4）如果车辆掉入水中，引擎在前面的车辆，车内人员必须从后方逃生，因为车辆较重的部分将先会下沉，从后方逃生可争取更多的逃生时间。

（5）如果被困在封闭的大巴车中，乘客要用安全锤敲碎玻璃逃生。

（6）应急措施。

①如伤势不重的情况下，及时寻求帮助，叫旁人及时通知自己的父母或亲友，或者打110报警，通知警察赶到现场处置。

②如果被撞，一定要及时记住肇事车辆车牌号，以防肇事车辆逃逸。

③一定要保护好现场，以便认清事故责任。

84.驾车时遭遇交通事故怎么办?

（1）发生交通事故后应立即停车，保护现场，开启危险报警闪光灯并在来车方向50～100m处设置警示标志。

(2)发生未造成人身伤亡的交通事故时,当事人对事实无争议的,应记录交通事故的时间、地点、当事人的姓名和联系方式、机动车牌号、驾驶证号、保险凭证号、碰撞部位,共同签名后撤出现场,自行协商损害赔偿事宜。

(3)车辆撞击失火时,驾驶人应立即熄火停车,切断油路、电源,让车内人员迅速离开车辆。

(4)车辆翻车时,驾驶人应抓紧方向盘,两脚钩住踏板,随车体旋转。车内乘客应趴到座椅上,抓住车内固定物。

(5)车辆落水时,若水较浅未全部淹没车辆,应设法从车门处逃生;若水较深,车门难以打开,可用锤子等铁器打开车门或车窗逃生。

(6)车辆突然爆胎时,不可急刹车,应缓慢放松油门,降低速度,再慢慢向右侧路边停靠。

(7)车辆在行进间制动失效时,应不断踩踏制动板,拉起手刹,观察周围情况,并不断按喇叭以警告其他车辆和行人,同时要迅速换到低速挡位,利用发动机的负驱动力减速,并利用上坡使车辆慢慢停下来。

85.地铁列车停电怎么办?

(1)站台停电时,应在原地等候。站台将随即启动事故应急照明灯。

(2)列车在隧道中运行时遇到停电,乘客应听从指挥,顺次按指定车站或方向疏散。

（3）乘客如果在站台上，通过收听站内广播，确认大规模停电后，应迅速就近沿着疏散向导标志或在工作人员的指挥下，抓紧时间离开车站。

（4）发生停电事故时，乘客要按照工作人员的指引，迅速疏散到地面。

（5）乘客不必担心被关在密闭的地铁车厢里会出现呼吸困难，即使全部停电后，列车上还可维持一定时间的应急通风。

（6）站台的容量足够乘客安全有序地撤离，不要直接跳到隧道里乱跑。

86.交通事故后如何抢救伤员？

（1）对于伤员则不必急于把他们从车上或车下往外拖，而应首先检查伤员是否失去知觉，还有没有心跳和呼吸，有无大出血，有无明显的骨折。

（2）就地取材包扎伤口，对出血较多的伤员应采取措施，利用干净布条或衬衣进行加压包扎，伤口表面的异物要小心取掉；对骨关节伤、肢体挤压伤和大块软组织伤，应灵活采用木棍、树枝等予以固定；对已断离的肢体，应包扎、密封，以备再植。特别注意：外露的骨折端不要复位，以免将污染的脏物带入伤口！

（3）如果伤员已发生昏迷，可先松开他们的颈、胸、腰部的贴身衣服，把伤员的头转向一侧并清除口鼻中的呕吐物、血液、污物等，以免引起窒息。

（4）如果伤员心跳和呼吸都停止了，应该马上进行口对口人工呼吸和胸外心脏按压。

（5）如果有严重外伤出血，可将头部放低，伤处抬高，并用干净的手帕、毛巾在伤口上直接压迫或把伤口边缘捏在一起止血。

（6）如果发生开放性骨折和严重畸形，则不应急于搬动伤者或扶其站立，以免骨折断端移位，损伤周围血管和神经。

（7）对脊柱、脊髓受伤人员救治时，务必谨慎，尽量减少搬动，避免脊柱弯曲或扭转，最好用硬板担架固定运送。

（8）如果伤员发生昏迷、瞳孔缩小或散大，甚至对光反应消极或迟钝，则应考虑有颅内损伤情况，必须立即送医院抢救。

87.遭遇水上意外事故怎么办?

火中应急。如果航行的船只发生火灾时，①由于空间有限，火势蔓延的速度惊人，此时应立即关闭引擎。②若是甲板下失火，船上的人须立即撤到甲板上，关上舱门、舱盖和气窗等所有的通风口。③如果身处着火区，应立即将毛巾、床单、衣服等用水浸湿，捂住口鼻，防止吸入高温烟气；将棉被、毛毯、地毯等用水浸湿，包裹好身体，就地滚出火焰区逃生，或滚向室内消火栓处，喷水灭火。④如果火势无法控制，应抓紧时间寻找救生设备，按要求穿上救生衣；用湿毛巾捂住口鼻，弯腰快跑，向上风方向有序撤离。⑤从失火位置相反方向或船尾逃生，弃船后应尽快远离。

跳水逃生。①跳水前尽可能向水面抛投一些漂浮物，如空木箱、木板、大块泡沫塑料等，跳水后用作漂浮工具。②应迎着风向跳,以免下水后遭漂浮物的撞击;正确位置应该是船尾,并尽可能地跳得远一些,不然船下沉时漩涡流会把人吸进船底下。③跳水逃生前要多穿厚实保温的服装,系好衣领、袖口等处以更好地防寒。④跳水时,双臂交叠在胸前,两肘夹紧身体两侧,一手捂鼻,一手向下拉紧救生衣,深呼吸,闭口,眼睛望前方,两腿并拢伸直,直立式跳入水中。⑤如果跳法正确,并深吸一口气,救生衣会使人在几秒钟之内浮出水面。⑥如果救生衣上有防溅兜帽,应解开套在头上。

水中求生。①弃船后,请注意均匀地深呼吸以保持镇静,没有救生衣的,应尽可能以最小的运动幅度使身体漂浮。会游泳者可采取仰泳姿势,仰卧水面手脚轻划,以维持较长时间漂浮,耐心等待营救。游泳或者踩水时,动作要均匀舒缓。②尽快游离遇难船只,防止被卷入沉船漩涡。③入水后不要将厚衣服脱掉,人员要尽可能集中在漂浮物附近,出现获救机会前尽量少游泳,以减少体力和身体热量的消耗。④如发现四周有油火,应该脱掉救生衣,潜水向上风处游处。到水面上换气时,要用双手将头顶上的油和火拨开后再抬头呼吸。⑤两人以上跳水逃生,如果有穿救生衣,应尽可能拥抱在一起,一方面可以减少热量散失,同时也便于互相鼓励,还可增大目标,便于搜救者发现。⑥如果在江河湖泊中遇险,若水流不急,很容易游到岸边;若是水流很急,不要直接朝岸边游去,而应该顺着水流有意识慢慢游向下游岸边;如果河流弯曲,应向内弯处游,通常那里较浅并且水流速度较慢,在那里上岸或者等待救援。

88.遭遇航空事故怎么办?

登机后,首先要做到:①熟悉机上安全出口,记得数一数自己的座位与出口之间相隔几排。这样,如果飞机失事,机舱内烟雾弥漫,也可以摸着椅背找到出口。②花几分钟仔细听清楚乘务员介绍的安全指示,如果碰到紧急情况,才不会手足无措。③有不清楚的地方要及时请教乘务人员。④阅读前排椅背上的安全须知。⑤飞机起飞、着陆时必须系好安全带;在飞机颠簸或遭遇气流时,系紧安全带能提供乘客更多一层的保护,不至于在机舱内四处碰撞。⑥遇空中减压,应立即戴上氧气面罩。

应急措施:第一要冷静,第二要服从机上乘务人员和机组人员的指挥。①舱内出现烟雾时,一定要把头弯到尽可能低的位置,屏住呼吸,用饮料浇湿毛巾或手帕捂住口、鼻后再呼吸,弯腰或爬行到出口处。②若飞机在海洋上空失事,要立即穿上救生衣。在飞机撞入海中瞬间,要迅速解开安全带朝着外面有亮光的裂口全力逃跑。③飞机在撞地面的时候,第一,双手不要交叉,因为当撞击的一瞬间交叉的手指会互相损害关节,要交叠放到头后,避免飞机冲撞的时候受到损伤。第二,双肘要尽量护住脸部,脸颊要尽量贴在前胸,脚要紧贴地面,不要滑动。重点是把人整个身体中最重要的头部保护起来,目的是为了防止在一瞬间的冲击中伤害到头部。因为头部受到伤害意识会降低,反应也会变慢。特别注意:应尽量靠在前面的座椅后背处,一旦飞机有冲撞,因为惯性,人会向前冲,这时候就减少了这段距离,同时也会大大降低这段冲击带来的伤害。④飞机紧急着陆和迫降时,应保持正确的姿势:弯腰,双手在膝盖下握住,头放在膝盖上,两脚前伸紧贴地板。⑤飞机因故紧急着陆和迫降时,在机上人员与设备基本完好的情况下,要听从工作人员指挥,迅速而有秩序地由紧急出口滑落地面。滑下逃生梯,头也不回地往前方狂奔。因为大火和有毒气体可能很快充满整个机舱,随时都会发生大爆炸。

89.怎样预防烟花爆竹燃放事故?

(1)点燃烟花爆竹后应迅速离开,在安全地带观看。一般情况下,距点燃的烟花爆竹至少5m以上。

(2)燃放烟花时如发生不燃现象,不要靠近观察,等15分钟后再处理。

(3)不可倒置、斜置燃放烟花爆竹,不可对人、对物燃放。

(4)在燃放烟花爆竹中发生炸伤、崩伤或其他伤害事故,应立即将伤者送医院救治。

(5)燃放前应认真阅读产品包装上的燃放说明和警示语,正确的点燃姿势为侧身点火,与烟花爆竹保持一定的距离。

90.发生煤气泄漏怎么办?

煤气是一种统称,包括三种:一是传统的煤气,成分是一氧化碳,无色、无味、剧毒;二是液化石油气,是石油炼制过程的产品之一,其成分是碳氢化合物;三是天然气,主要成分是甲烷。后两种也是无色无味的。不管哪一种煤气，都是易燃易爆的危险气体，都不能支持人类呼吸。

应急措施。①如果是白天闻到室内有浓烈的煤气味，立即关上煤气开关，打开门窗。打开窗、门的动作也需放轻，尤其不要在旁边碰撞铁锤、铁钉等金属，以免额外产生火花。②晚上回到家门口之后，如果闻到一股很浓的煤气味，第一千万不要按门铃！第二你进去之后做的第一件事情绝对不是开灯，而是第一时间把家里电话线外线拔掉，手机电池抠下来，开门、开窗；如果味道较浓，应该远离房子到外面打电话报警。

要防止出现火花引发煤气爆炸。因此，除了千万不要在现场开灯、打电话外，①千万不要打开电器开关或关电闸；②不要打开抽油烟机和排风扇；③不要点火。特别注意：如果不知道煤气开关位置在哪里或是开关坏了关不上，赶紧离开室内，报警。

避险要点：①要经常检查、更换胶皮管。胶皮管一年半的时间一定要换一次，为什么？第一，这个管子长时间在火跟前烘烤，会促进它的老化；第二，在做饭的时候会有油滴不断的溅到上面，会烫伤胶皮管；第三，里面有一种硫化物成分，会由内而外腐蚀胶皮管；第四，管子和管道或气罐之间的铁丝使用过久生锈，会造成气体泄漏；第五，长时间未更换，会造成油脂在胶皮管上附着，遇火星会造成燃烧。常用检漏方法是在接头处、管件上涂肥皂液，看是否有气泡产生。特别注意严禁用明火检查！此外，燃气用橡胶管应使用专用耐油橡胶管，长度宜控制在1.2～1.5m，最长不应超过2m。橡胶管不得穿墙越室,并要定期检查,发现老化或损坏应及时更换。②不要摇晃煤气罐。很多家里用煤气罐的人,如果发现火不是很旺了,喜欢摇晃煤气罐,或者在下边放盆热水加一下温,这是十分危险的!因为气不足了,里面的气压不够,剩余的气供不出来,可是当你在摇晃的时候里面的气压增大把剩余的一点点气又供了出来,火是比较旺了,但是当你摇晃的时候里面的气压不平衡、受力不均匀,如果煤气罐生锈了、腐蚀了,罐壁特别薄或者上面的压力阀接触不是很好,承受不了这么大的压力,它就会爆炸!

91.发生煤气中毒怎么办?

一氧化碳(CO)中毒俗称煤气中毒。煤气是一种易燃、易爆、有毒的气体,使用不当,如在密闭居室中使用煤炉,可产生大量一氧化碳积蓄在室内;平房烟囱安装不合理,可使煤气倒流;气候条件不好,如遇刮风、下雪、阴天、气压低,煤气难以流通排出;使用管道煤气,如果管道漏气、开关不紧或烧煮中火焰被扑灭后,煤气大量溢出;使用燃气热水器时通风不良,洗浴时间过长;在车库内发动汽车或开动车内空调后在车内睡着,都可能引起煤气中毒。如发现有人煤气中毒,应采取如下措施:

发现家里煤气泄漏,有人中毒:①现场救助的第一步就是迅速观察周围环境,在判断环境不会对自己造成伤害的情况下,才可以实施救助。用棉织品或湿毛巾将自己的口鼻保护起来,避免自己中毒。②因一氧化碳的比重比空气略轻,故浮于上层,救助者进入和撤离现场时,如能匍匐行动会更安全。③立即打开门窗,流通空气。④迅速将中毒者转移到安全地方。

煤气中毒轻者:①有头痛、恶心症状,要立即到户外呼吸新鲜空气。②对有自主呼吸、神志清楚的中毒者,应充分给予氧气吸入,并安静休息,避免活动后加重心、肺负担和耗氧。③解开患者的衣襟,保证呼吸通畅。④可以让中毒者喝一杯热茶,因为茶叶中含鞣酸,它具有沉淀重金属和生物碱的作用,在一定程度上可以解毒。

对昏迷不醒、皮肤和黏膜呈樱桃红或苍白、青紫色的严重中毒者:①将病人摆成稳定侧卧位,并且头后仰(打开气道),防止呕吐造成窒息;随时取出患者口中的异物或假牙,以免需要做人工呼吸时假牙被吹入气道。②在通知急救中心后就地进行抢救,及时进行人工心肺复苏。③有相关经验和条件的人,可对病人进行针刺治疗,取穴为太阳、列缺、人中、少商、十宣、合谷、涌泉、足三里等。对于轻、中度中毒者来说,针刺后可以逐渐苏醒。④距离医院较近的(十分钟内到达的),应该立即送医院急救,不要等待。在搬运昏迷的患者时,一定要注意保护患者的脊柱。以免在忙乱中,脊柱锥体滑脱,造成不必要的损伤。特别注意:秋冬季节要对中毒者加强保暖措施!

争取尽早对患者进行高压氧舱治疗,以减少后遗症。即使是轻度、中度中毒,也应进行高压氧舱治疗。煤气中毒患者必须经医院系统治疗后方可出院,有并发症或后遗症者出院后,应口服药物或进行其他对症治疗,重度中毒患者需一两年才能完全治愈。

避险要点:任何时候,如果自己发觉有头晕、乏力、嗜睡、恶心、呕吐、心悸等症状,要怀疑是否发生一氧化碳中毒,这时候要尽快打开门窗。如果无法打开门窗,可以撞碎窗户玻璃,让新鲜空气进入房间,减少房间内的一氧化碳浓度,同时大声呼救。

92.发生触电事故怎么办?

(1)户外发生触电事故,应立即拨打120急救电话,并通知电力部门。在不清楚现场是否断电情况下,应与伤者保持18m以上距离。

(2)居民室内发生触电事故,应迅速切断电源。如无法立即找到电源开关,可利用干燥的木棍、竹竿、橡胶制品、塑料制品等绝缘物挑开触电者身上的电线、灯插座等带电物品。严禁直接接触或使用潮湿物品接触触电者,否则会造成抢救者触电。

(3)要设法保持触电者呼吸畅通,并检查呼吸、脉搏情况。如伤者呼吸、心跳停止应立即进行心肺复苏,坚持长时间抢救。可用冷水对伤者伤处进行降温,并立即拨打120急救电话。

93.发现有人触电怎么办?

(1)症状较轻者:即神志清醒,呼吸心跳均自主者,可就地平卧,严密观察,暂时不要站立或走动,防止继发休克或心衰。

(2)若无呼吸、心跳应立即采用"心肺复苏法",用得越早,救治成功率越高;有条件的可实施气管插管,加压氧气人工呼吸。

亦可针刺人中、涌泉等穴，或给予呼吸兴奋剂(如山梗菜碱、咖啡因、尼可刹米)。

(3)触电者呼吸、心跳存在，但处于昏迷状态时，可使其平卧，解开领扣和缚身的束带，注意保暖，保持呼吸畅通。

(4)处理电击伤时，应注意有无其他损伤。如触电后弹离电源或自高空跌下，常并发颅脑外伤、血气胸、内脏破裂、四肢和骨盆骨折等。

(5)如有外伤、灼伤均需同时处理。如果触电有皮肤灼伤，可用净水冲洗拭干，再用纱布或手帕等包扎好，以防感染。对局部的触电伤口可用无菌纱布覆盖，或暂时用干净的毛巾、手帕代替，之后再由医生处置。

现场抢救中，不要随意移动伤员。移动伤员或将其送医院，除应使伤员平躺在担架上并在背部垫以平硬阔木板外，应继续抢救。

94.遇到拥挤突发事件怎么办?

在公共场所发生人群拥挤事件是非常危险的，因为那些空间有限、人群又相对集中的场所，例如球场、商场、狭窄的街道、室内通道或楼梯、影院、彩票销售点、超载的车辆、航行中的轮船等都隐藏着潜在的危险，当身处这样的环境中时，一定要提高安全防范意识。

如何意识到危险？如果人群变得特别密集，人与人之间的距离越来越小，这时候就要敏锐意识到自己正处于危机之中，就要格外小心了，要果断选择离开。特别注意：一定要时时保持警惕，不要总是被好奇心理所驱使。没有意识到危险是最大的危险。

怎样离开危险境地？如果尚未安全撤离，危险就已经来临，①面对混乱的场面，良好的心理素质是顺利逃生的重要因素，争取做到遇事不慌，否则大家争先恐后往外逃的话，可能会加剧危险，甚至发生逃不出来的惨剧。②当发现前方有人突然摔倒后，旁边的人一定要大声呼喊，尽快让后面的人群知道前方发生了什么事，否则，后面的人群继续向前拥挤，就非常容易发生拥挤踩踏事故。③发觉拥挤的人群向着自己行走的方向拥来时，应该马上避到一旁，如果选择奔跑要千万防止摔倒。如果路边有商店、咖啡馆等可以暂时躲避的地方，可以暂避一时。特别注意：切记不要逆着人流前进，那样非常容易被推倒在地。

如何在险境中进行自我保护？①如果身不由己被人群拥着前进，要用一只手紧握另一手腕，双肘撑开，平放于胸前，微微向前弯腰，形成一定的空间，保证呼吸顺畅，以免拥挤时造成窒息晕倒。同时护好双脚，以免脚趾被踩伤。特别注意：切记远离店铺的玻璃窗，以免因玻璃破碎而被扎伤。②千万不能被绊倒，一定不要采用体位前倾或者低重心的姿势，即使鞋子被踩掉，也不能贸然弯腰提鞋或系鞋带，因为一旦重心降低，很可能被人群挤倒在地。特别注意：千万不要担心财物损失，即使是钱包掉到地上也不能弯腰去捡，没有什么比生命更重要！③如有可能，抓住一样坚固牢靠的东西,例如路灯柱之类,待人群过去后,迅速而镇静地离开现场。特别注意:不要从高处往下乱跳!④如果不小心被推倒,要设法靠近墙壁。面向墙壁,身体蜷成球状,双手在颈后紧扣,以保护身体最脆弱的部位。或双膝尽量前屈,护住胸腔和腹腔等重要脏器,侧躺在地。这样虽然手臂、背部和双腿会受伤,却保护了身体的重要部位和器官。

避险要点:已被包围在人群中时,要切记和大多数人的前进方向保持一致,不要试图超过别人,更不能逆行,要听从指挥人员口令。同时发扬团队精神,因为组织纪律性在灾难面前非常重要,专家指出,心理镇静是个人逃生的前提,服从大局是集体逃生的关键。

95.怎样安全搭乘手扶电梯?

①上电梯时要注意,要踩在黄色线边框内。黄线是梯级的边缘,一旦踩着运行的电梯易导致站立不稳而摔倒。②在扶梯入口的水平段时,脚不要站在两个梯级之间。③面朝运动方向站立,不要反方向站立。④用手扶握扶手带,以免发生意外事故。⑤不要倚靠扶手侧立,以防衣物挂拽或损坏扶手装置。⑥不要坐在运动的梯级上。⑦尽量靠近梯级右侧站立,留出左侧空间作为急行通道,供有急事的乘客通行。⑧乘扶梯至出口处应迅速离开。⑨要站稳,防止身体不平衡摔倒。

发生意外紧急情况(例如乘客摔倒或手指、鞋跟被夹住)时,应立即呼叫位于梯级出入口处的乘客或值班人员立即按动红色紧急停止按钮,停止自动扶梯或自动人行道,以免造成更大伤害。特别注意:正常情况下切勿按动此按钮,以防突然停止而使其他乘客因惯性而摔倒,造成其他乘客受伤或设备损坏。

96.乘电梯被困怎么办?

首先不要着急上火!要打消几个担心:

(1)电梯被困不等于与世隔绝。一般是电梯停电不能运转,并不是代表在电梯里面就不安全了。可以第一时间按下电梯内部的紧急呼叫按钮,这个按钮会跟值班室或者监视中心连接。还有,每部电梯内按规定应安装有线紧急呼救电话。如果你的报警没有引起值班人员注意,或者呼叫按钮也失灵了,你也不用急,你可以用手机拨打紧急呼救电话或告知亲友营救,目前许多电梯内都配置了手机的发射装置,可以在电梯内正常接打电话。如果旧式电梯,手机信号较差,要耐心转换不同角度拨打。

(2)也不必担心电梯冲顶或坠落。电梯轿厢上面都有好多条安全绳,其安全系数是很高的,很难掉下电梯槽。此外,电梯都装有安全防护钳,即使停电了,这个安全装置也不会失灵。电梯一旦出问题,这对防护钳会牢牢夹住电梯槽两旁的钢轨,使电梯不至于下坠或冲顶。

(3)也不要担心在里面氧气不够。电梯本身是非密封结构的,平时有风扇可通风,停电后,风扇没开,但风扇的口仍在。此外,在轿厢壁上边和下边,都有一圈上下可形成对流的通风口,这一圈缝隙只能在安装时看到,正常情况下是看不到的,但它是存在的。一般来讲足够人的呼吸需要。

应急措施:

(1)赶快把每一层楼的按键都按下,不论有几层楼。因为当紧急电源启动时,电梯可马上停止继续下坠。

(2)把铺在电梯轿厢地面上的地毯卷起来,将底部的通风口暴露出来,达到最好的通风效果。

(3)然后大声向外呼喊,以期引起过往行人的注意。如果你喊得口干舌燥仍没有人前来搭救,你要换一种保存体力的方式求援。这时,你不妨间歇性地拍打电梯门,或用坚硬的鞋底敲击电梯门,等待救援人员的到来。

(4)如果几个人同时被困,可以用聊天来分散注意力和打发时间。特别注意:有些性急的人会尝试自己从里面打开电梯,这是不可取的方式。电梯在出现故障时,门的回路方面有时会发生失灵的情况,这时电梯可能会异常启动。如果强行扒门就很危险,容易造成人身伤害。另外,被困人员因不了解电梯停运时身处的楼层位置,盲目扒开电梯门,也会有坠入电梯井的危险!

应对最坏情形。在最坏的情况下,万一电梯失控急速下降,这时候:①整个背部跟头部紧贴电梯内墙,呈一条线,用电梯墙壁作为脊椎的防护。②膝盖弯曲,脚往外站立。因为借用膝盖弯曲来承受重击压力,比用腰骨来承受压力好,这样能最大限度抗冲撞。③如果电梯里有手把,一只手紧握手把,这样可固定人所在的位置,不至于因重心不稳而摔伤。

避险要点:①要爱护电梯。不要在电梯上玩耍,不要乱按电梯的按键,尤其是紧急呼叫按钮,不乱敲打电梯轿厢门。②养成一个好习惯:乘坐电梯之前慢几秒,看看有没有出现轿厢面以免踩空,发生下坠事故。③人多不要硬挤进去,宁可多等一会,超载最容易出事。④乘客不要在轿厢门口逗留。要么站在轿厢内,要么站在厅门外,不要一脚门里一脚门外,或把头伸进轿厢内,身体留在轿厢外,以免发生剪切危险。

97.在野外迷路怎么办?

出外旅游、探险经常会迷路,应该掌握一些技巧:

如果你真的迷了路,首先应保持头脑清醒,不要着急。应该立即停下来估计一下情况,盲目地继续前进,处境会更糟。好多迷路者是因为急、慌。本来开始离起点不远,可是因发现迷路后,慌了神,结果越走越远,最后甚至走出了搜救区酿成悲剧。

稳住神后,回忆刚才路过的有特征的地方,如小溪、河流和大的树木及交叉口。想尽一切办法返回来时的大路,不可盲目前行寻找陌生的或者所谓的近路。可以在所站的位置做标记,因为你既然能走到这里,也一定能走出去。先找一个可能的方向走,一边走一边寻找身边便于观看的树干,用刀斧把树干、石头、泥土等做记号作为标识,如找不到进入点,就折回迷路处再换一个方向重新试行,最后一定能走出去。

如果有河流,顺河而行最为保险,一来沿河流方向向下游行进可出山;二来道路、居民点常常建在河岸边,易于碰到人群;在山地则宜沿着平缓的山脊走,一面可以观察周围环境,一面可沿山脊走到居民点或道路上,因为山脊两侧也多建有居民点和道路。

可用各种方式发出求救信号:①烟火信号:在较开阔的地方将可以燃烧的东西(上面放一些生树叶树枝、会产生大量的浓烟)摆成等角三角形,尽量摆大一点,以引起过往飞机或救援者的注意。特别注意:在撤离时切记熄灭火种,以免引发森林火灾!②反射光信号:可以利用任何明亮的材料,如镜子、罐头盒盖、金属片、玻璃等,持续的反射可能引人注目。③把旗子或鲜艳铁布料系在树枝或竹竿上,挥动时,做"8"字形运动。

如果短时间内不能获救,就要从长计议了。要保持体力,利用周围一切可以利用的天然食物及掩体,如野果、树枝、树叶,尽可能为自己获救赢取更多的时间。特别需要注意的是,如果迷路时天色已晚,应立即选址宿营,切不可等到天黑再找住处。若感到十分疲乏,也应立即休息,切不可走到精疲力竭才停止脚步;在冬季尤其应该注意这一点,因为人在冬天过度疲劳淌汗,极容易冻伤和冻死。

98. 遇到马蜂窝时怎么办?

马蜂学名胡蜂,俗称黄蜂,分布地域广,尤其在气候温暖潮湿的地区数量较多。马蜂含有神经性或血液性毒素,人被马蜂蜇后,轻则红肿发烧,重则休克致死,故民间有"十只马蜂蜇死一头牛"之说。

所以首先对马蜂避之则吉。①马蜂一般不会主动攻击人,但如果靠近它的蜂巢,它们便会群起攻击。所以看见马蜂窝要绕行,千万不能捅,更不能出于好奇爬到树上观看。②在树林或野外游玩时,尽量穿上长袖衣服,并戴上帽子。③如果不小心捅到马蜂窝,被马蜂追赶时,逆风逃跑,如果地势不危险,有多远跑多远;如果不能跑,也尽可能地想办法远离蜂窝1m以上。④可以脱下衣服边驱赶边跑开,如你穿的衣服多,奔跑中脱下往上扔,往往可以分散部分追兵,甚至会可能吸引全部追兵;如马蜂分散,要迅速停止,蹲下,用衣服包裹住头脸或跳入浅水中暂时躲避,减少攻击面面积。特别注意:马蜂最容易攻击人的眼睛、面部、颈部、手、头部!

如果是家里或附近有马蜂窝,还是及时处理为好。最好请专业人士或者消防队员帮助清除,尽量不要自己动手清理,以保安全。因为一般人没有专门的防护装备和清理技术,如果惊动蜂窝,可能会招致蜂群攻击的危险。

不小心被蜂类蜇伤怎么办?①先用镊子等工具将残留在皮肤内的蜂刺夹出,以免身体继续吸收蜂毒。②用肥皂水或5%浓度小苏打水涂抹患处。③当被蜇伤的部位出现肿胀时,可以用冰袋冷敷患处。④即刻在伤口涂上热尿液,即可止痛又可消肿。⑤将生茄子切开擦搽患部,如有白糖,加入适量,并捣烂涂敷。⑥取煤油涂螫伤口处,疗效佳。⑦取花瓣(任何无毒的花均可)细捣,涂擦伤口很有效果。⑧取红糖调黏稠状,涂患处也有效果。⑨取芦荟叶洗净,捣烂取汁涂患处,治愈无副作用。⑩如疼痛难忍,可用马齿苋菜挤汁涂患处,立可止痛。⑪严重者,应立即就医。

避险要点:①被马蜂螫伤时不能用手去抓挠肿胀发痒的患部,以免弄伤皮肤引起感染、化脓。②身体多处被螫伤时,不要马上冲水、洗澡,否则会加重搔痒。

参 考 文 献

［1］中国交通建设股份有限公司.公路工程施工安全技术规范：JTG F90—2015［S］.北京：人民交通出版社股份有限公司，2015.

［2］中交第三公路工程局有限公司.公路路基施工技术规范：JTG/T 3610—2019［S］.北京：人民交通出版社股份有限公司，2019.

［3］交通部公路科学研究所.公路沥青路面施工技术规范：JTG F40—2004［S］.北京：人民交通出版社，2004.

［4］中华人民共和国建设部.施工现场临时用电安全技术规范：JGJ 460—2005［S］.北京：中国建筑工业出版社，2005.

［5］交通运输部公路科学研究院.公路养护安全作业规程：JTG H30—2015［S］.北京：人民交通出版社股份有限公司，2015.

［6］交通运输部工程质量监督局.公路水运工程施工安全标准化指南［M］.北京：人民交通出版社，2013.

［7］河北省交通运输厅.河北省高速公路施工标准化管理指南［M］.北京：人民交通出版社，2012.

［8］河北省公路安全生命防护工程实施技术指南［M］.北京：人民交通出版社股份有限公司，2019.

［9］高速公路日常养护作业安全标准化指南［M］.北京：人民交通

出版社股份有限公司,2020.

[10]陈月明,魏伟新.十万个怎么办:求生应急卷[M].广州:世界
图书出版有限公司,2012.

[11]柴中达等.市民应急避险手册[M].天津:天津市突发公共事
件应急委员会,2007.

[12]国家减灾委员会,中华人民共和国民政部.全民防灾应急手册
[M].北京:科学出版社,2009.

[13]中国灾害防御协会.家庭防火 防患未然[M].北京:科学普及
出版社,2015.